新人エンジニアのためのデータベースのしくみと運用がわかる本

五十嵐貴之

Database structure and operation Basic Guidebook

技術評論社

注意事項

- 本書に記載された内容は、情報の提供のみを目的としています。したがって、本書を用いた運用は、必ずお客様自身の責任と判断によって行ってください。これらの情報の運用の結果について、技術評論社および著者はいかなる責任も負いません。
- 本書記載の情報は、特に断りのない限り、2018年1月現在のものを掲載しています。本文中で解説しているWebサイトなどの情報は、予告なく変更される場合があり、本書での説明とは画面図などがご利用時には変更されている可能性があります。
- 以上の注意事項をご承諾いただいた上で、本書をご利用願います。これらの注意事項をお読みいただかずに、お問い合わせいただいても、技術評論社および著者は対処できません。あらかじめ、ご承知おきください。
- 本文中に記載されているブランド名や製品名は、すべて関係各社の商標または登録商標です。なお、本文中に©マーク、®マーク、TMマークは明記しておりません。

はじめに

本書は、中小企業においてデータベースの運用と管理を任された人、およびデータベースの設計やデータベースアプリケーションを開発を行う人のために書かれた本です。本書では、これらの業務に携わる者を「データベース技術者」と定義します。

「データベース」といえば、「ネットワーク」と並び、IT（Information Technology：情報処理技術）を学ぶ者には必須の知識です。企業における業務の要（かなめ）でもあります。しかし、いざ「データベースって何？」と質問された時、あなたは正確に答えることができるでしょうか？　「データベースとは何か、そもそも、データとは何か」。まず本書では、もっとも基本的な用語の理解から始めます。

次に、中小企業におけるデータベースの運用・管理業務について、説明します。データベースの運用・管理業務と一口に言えど、実際にはどのような業務があるのでしょうか？　データベースサーバーが故障した場合の対処方法、およびそのために日常的に行われなければならない業務などを説明します。

そして、昨今では企業における業務のなかでもっとも念頭に置かなければならない「セキュリティ」について、データベース技術者の立場として他の社員に遵守させること、また自分自身が遵守すべきことを説明します。データベースのセキュリティは、企業において最重要事項です。データベースには、顧客データ、給与データ、会計データなどのさまざまな機密データを保存している場合があります。悪意を持った者がそれらの機密データを閲覧したり改ざんできないようにするために、データベース技術者の役割を明確にします。

最後に、今度はデータベースを設計する手法、そしてデータベースを利用するアプリケーション（データベースアプリケーション）を開発する手法を説明します。データベースの設計、およびデータベースアプリケーションの開発には、データベースと対話をするために開発された「SQL」という言語の習得が必須です。本書では、データベース技術者として最低限覚えておくべきSQLについて、説明します。

本書が、データベース技術者としてのスキルアップの一助となれば幸いです。

五十嵐貴之

CONTENTS

目次

第1章

データベースの基本を知ろう

Section

01 データとデータベース

まずは、データベースの基本を学びましょう。ここでは、「データベースとは？」「そもそも、データとは？」といった、もっとも基礎的な用語について本書での意味と使い方を説明します。

データとは

「データベースとは何か」を説明する前に、まずは「データとは何か」について説明します。

本書では**「データ」**を次のように定義します。

「データ」とは、人が扱いやすいように表現した基礎となる事実である。

このように書くと少々わかりづらいですが、たとえば商品が納品された際にいっしょに受け取る「納品書」を例にしましょう。この「納品書」には、「納品先」や「納品日付」のほか、「商品名」「数量」「単価」「金額」「合計金額」などの項目が記載されています。これらの項目は、すべてデータであると言えます。

「データ」と似た用語として**「情報」**という用語があります。この2つは同じものと考えている人もいるかもしれませんが、明確な違いがあり、使い分けて考える必要があります。

では、「情報」とはどういう意味でしょうか。本書では、「情報」を次のように定義します。

「情報」とは、データをある目的を持って収集したものである。

納品書の場合で言うと、ある納品物件に関する「データ」を収集し、それを1枚（もしくは複数枚）の紙媒体に印刷した納品書そのものが「情報」とみなされます。

■納品書に書かれた項目が「データ」、納品書そのものが「情報」

納品書

発行日：2018年1月9日

〒999-9999
○○県○○市○○○丁目○○
○○○○○　株式会社

〒888-8888
○○県○○市○○○丁目○○
株式会社　○○○○○
TEL：88-8888-8888

下記のとおり納品いたしました。

納品金額（消費税込）　¥54,000-

件名：　サプライズ贈り物　Aセット
納入日：　平成30年1月19日
納入場所：　　　　お支払条件：　銀行振込

見積明細

品目		単価	数量	金額
サプライズ贈り物　Aセット	宿泊代	40,000	1	40,000
	ネックレス代	10,000	1	10,000
		小計		50,000
		消費税		4,000
		合計		54,000

商品名や単価、数量や金額といった項目が「データ」

データを収集し、1つにまとめた納品書が「情報」

データベースとは

では、「データベース」とは、いったい何なのでしょうか？データベースは、英語では「Database」と書きます。直訳すれば、「データ（Data）の基地（Base）」です。つまりデータベースとは、「データの集合体」のような印象を受けます。先ほど定義した「情報」と同じような意味と考えると、「データベースとは情報である」といっても差し支えなさそうです。

電話帳を例に見てみましょう。電話帳は、電話をかける人のために電話番号を収集したデータの集まりであり、情報であるため、「データをある目的を持って収集したもの」という点で見れば、データベースであると言えます。しかし、この場合の「データベース」は、広義の意味でのデータベースであり、本書では取り扱う内容ではありません。

本書で取り扱う狭義の意味でのデータベースは、次のとおりです。

「データベース」とは、データを管理・保守するためのしくみが備わっているシステム、もしくはそのシステムに格納されているデータの集まりである。

広義の意味でのデータベースと狭義の意味でのデータベースを比較すると、

次のようになります。

■本書で取り扱うデータベースの定義

広義の意味でのデータベース	データの集まり
狭義の意味でのデータベース	データを管理・保守するためのしくみが備わっているシステム、またはそのシステムに格納されているデータの集まり

電話帳にはたくさんの電話番号が載っていますが、該当地域の住人の状況に応じて内容を書き換えるようなしくみは備わっていませんし、そもそもシステムとは言えませんので、狭義のデータベースとは言えません。

以降、本書にてとくに断りなく「データベース」という用語を使用した場合は、すべて狭義の意味でのデータベースを指します。

日常的に利用しているデータベースの例

まずは、本書で取り扱う狭義の意味での「データベース」について説明しました。では、実際にデータベースはどういった場所で使われているのでしょうか。ふだん、私たちが日常的に、そして無意識のうちに使用しているデータベースの例を見てみましょう。

まず、Webブラウザで利用するYahoo!やGoogleといった検索サービスが挙げられます。検索サービスでは、検索ボタンがクリックされた瞬間、入力されたキーワードに合致するWebサイトを世界中のWebページのデータが格納されているデータベースのなかから探し出し、その結果を表示しています。

また、Amazonや楽天などのオンラインショッピングサイトも、データベースで管理されています。すべての商品の単価や在庫数量がデータベースに格納されており、いつ・誰が・どの商品を購入したかといった購入履歴までデータベースによって管理されています。ショッピングサイトに表示されている「あなたへのおすすめ商品の一覧」は、この購入履歴をもとにした結果が表示されているのです。

さらに、FacebookやTwitterといったSNS（ソーシャルネットワーキングサービス）も、データベースと密接な関係があります。私たちは遠隔地にいる友人や見知らぬ人とのコミュニケーションをとることができますが、このSNSにおいても、私たちが投稿した記事やコメントはすべてデータベースに格納されており、それらがWebページで時系列に表示されているに過ぎません。

このように、インターネットを利用する私たちの生活の裏方では、存在することさえ意識されることもなく、データベースが利用されています。そして、データベースは私たちの経済活動の根幹を支えていると言っても決して過言ではないのです。

■身近にあるデータベース

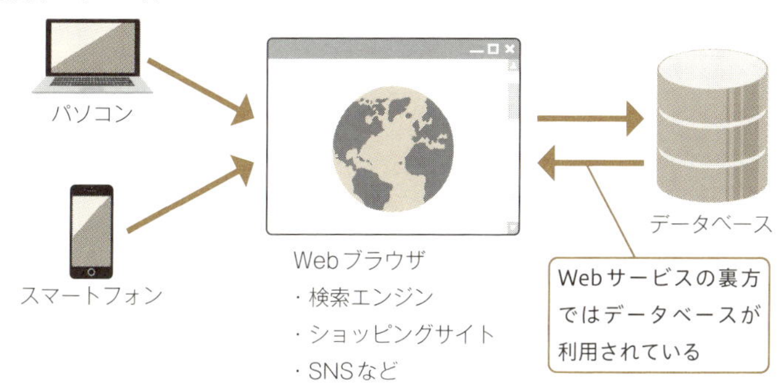

データベースサーバーの役割

一般的に、データベースに格納するデータは、ふだん私たちが使用しているパソコンよりも信頼性の高い専用のコンピューター（サーバー）に保存します。これをデータベースサーバーと言います。

データベースサーバーは、なんらかの事情ですぐに停止したり、処理速度が低下したりすることがあってはなりません。なぜならば、データベースサーバーの異常は、そのデータベースサーバーに接続するすべてのデータベースアプリケーション（Webサービスなど）に影響を与えるからです。そのため、データベースサーバーとして適格なコンピューターは、故障しにくく、かつ高スペックであるほうがよいのは言うまでもないでしょう。

なお、データベースサーバーはP.13やP.14のように円柱のイラストで表されることが多いので、本書でもそのように表します。

■データベースサーバーの役割

データベースサーバーは、パソコンよりも故障しにくく、
かつ高スペックであることが求められる

このようなコンピューターやシステムの総合的な評価は、「RASIS」という指標で表されることが一般的です。「RASIS」とは、以下の5つの英単語の頭文字を取ったものです。

■「RASIS」の5つの要素

Reliability	信頼性	コンピューター本体の稼働率
Availability	可用性	サービスの稼働率
Serviceability	保守性	システムの保守のしやすさ
Integrity	保全性	データが正しいこと
Security	機密性	データが安全であること

Reliability（リライアビリティ）とは、信頼性のことを言います。コンピューターの信頼性とは、コンピューターが安定して稼働している稼働率を表します。

Availability（アベイラビリティ）とは、可用性のことを言います。可用性とは、サービスの稼働率を表します。つまり、サービスを提供する時間帯において、サービスが正常に提供され続けているかを示します。コンピューター本体が正常であったとしても、提供するサービスの稼働に必要なシステムがダウンしている場合などがあり、ReliabilityとAvailabilityは必ずしも一致しません。

Serviceability（サービスアビリティ）とは、保守性のことを言います。保守性とは、保守のしやすさのことで、たとえばシステムのバージョンアップがしやすいかどうか、システムに不具合が発生した場合に修正がしやすいかどうかなどが保守性に該当します。

Integrity（インテグリティ）とは、保全性のことを言います。保全性とは、データに不整合が発生したり、破壊されたりすることがないようにすることです。

Security（セキュリティ）とは、機密性のことを言います。データの安全性がこれに該当し、データ漏洩や改ざんの起きにくさを示します。

これらの5つの要素のうち、とくに、最初の3つ（Reliability、Availability、Serviceability）をまとめて「RAS」という場合もあります。

コラム コンピューターの稼働率の求め方

コンピューターが安定して稼働していることを「コンピューターの稼働率」と言います。コンピューターの稼働率は、以下の公式で表すことができます。

[コンピューターの稼働率] = MTBF / (MTBF + MTTR)

MTBFは、英語でMean Time Between Failed、つまり故障までの時間を意味し、コンピューターが安定稼働している時間のことを言います。MTTRは、英語でMean Time To Repair、つまり復旧までの時間を意味し、異常が発生したコンピューターを正常稼働させるまでの時間のことを言います。

RASISのReliabilityは、このコンピューターの稼働率によって表すことができ、この稼働率が高ければ高いほど、信頼性（Reliability）が高いと言うことができます。

まとめ

- データは人が扱いやすいように表現した事実のこと
- 情報はデータをある目的を持って収集したもの
- データベースはデータを管理するシステムおよびデータの集まり

Section

02 データベースのしくみ

ここでは、データベースのしくみについて説明します。データベースはどのような概念によって現実社会をデータに置き換え、またそのデータはどのような論理によって記録するのでしょうか。

データモデリングとデータモデル

データベースやデータベースで処理するデータは、コンピューター上に存在する必要があります。そのため、まずは現実社会のデータをコンピューター上で扱える形に置き換えなくてはなりません。

現実社会のデータをコンピューター上で扱える形に置き換える作業のことを、「データモデリング」(Data Modeling) と言います。また、データモデリングによってコンピューター上で扱える形に置き換えられたデータを、「データモデル」(Data Model) と言います。

データモデルは、データモデリングの段階によって、「概念データモデル」と「論理データモデル」の2つに分けることができます。

概念データモデルとは

概念データモデルは、現実社会の構造をデータ化して記述したもののことを言います。そのため、概念データモデルはデータベースを作る際にもっとも初期の段階で作成します。

概念データモデルの記述方法としては、ER図が代表的です。ER図の「E」と「R」は、それぞれ「実体」(Entity) と「関連」(Relationship) の2つの英単語の頭文字を取った物です。つまり、ER図は現実社会のデータ構造を「実体」と「関連」の2つの概念で表す表記法です。

例を挙げると、実体には「商品」「得意先」などの「物」が該当します。関連には「受注」「発注」「納品」などの「イベント」が該当します。また、関連は「1対1」「1対多」「多対多」の3つのパターンで実体と実体を結び付けます。

たとえば、学生と学部学科の関係をER図で考えた場合、学生が所属できる学部学科は1つです。また、学部学科には複数の学生が存在します。つまり、学生と学部学科の関係は「1対多」の関係と言えます。「1対1」の関連を持つ例としては、婚姻関係を挙げることができます。夫1人について妻1人が決まり、妻1人について夫1人が決まるからです。

また、実体と関連におけるそのもの固有の情報や特性は、**「属性」**（Attribute）を用いて表現します。

では、実際にER図の例を見てみましょう。このER図は、「商品」と「得意先」の関係を表しています。

■ER図の例

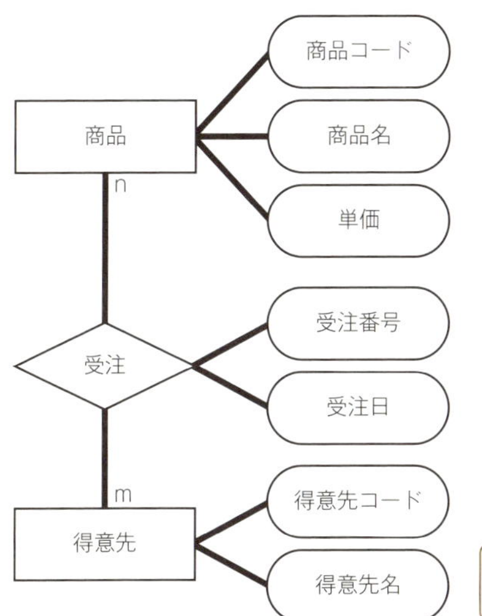

記号	種類
	実体（Entity）
	関連（Relationship）
	属性（Attribute）

現実世界の構造をデータ化した記述したものがER図。
これをもとにデータベースの設計を行う（P.189参照）

「商品」と「得意先」の実体は、「受注」によって関連付けられています。当然、売っている商品が1つだけということはまずないでしょうし、買ってくれるお得意様が1社だけという危険な会社もないでしょうから、商品と得意先の関係は「多対多」となります。

そして、商品には「商品コード」と「商品名」と「単価」の属性を、得意先には「得意先コード」と「得意先名」の属性を、受注には「受注番号」と「受注日」の属性を持たせました。

論理データモデルの種類

続いて、論理データモデルについて見てみましょう。論理データモデルは、概念データモデルによってコンピューター上で扱えるように表現された現実社会を、よりコンピューターに近い形で表現したものです。

論理データモデルは、データベースの構造によっていくつかの種類に分けることができますが、本書では、以下の5つについて順に解説します。

- 階層型データモデル
- ネットワーク型データモデル
- リレーショナル型データモデル
- オブジェクト型データベース
- XMLデータベース

階層型データモデル

階層型データモデルとは、データ構造を階層型に表すデータモデルです。階層型データモデルで作成されたデータベースを**階層型データベース**と言います。階層型データモデルは、葉っぱが生い茂った木を逆さまにひっくり返したようなデータ構造になっています。会社の組織図を想像するとわかりやすいでしょう。階層型データモデルでは、1つのデータは他の1つのデータに対して従属しています。そのため、必要なデータにアクセスするためのルートは1つしかありません。この「ルートは1つ」しかないところは、階層型データモデルの大きな問題点でもあります。

■階層型データベース

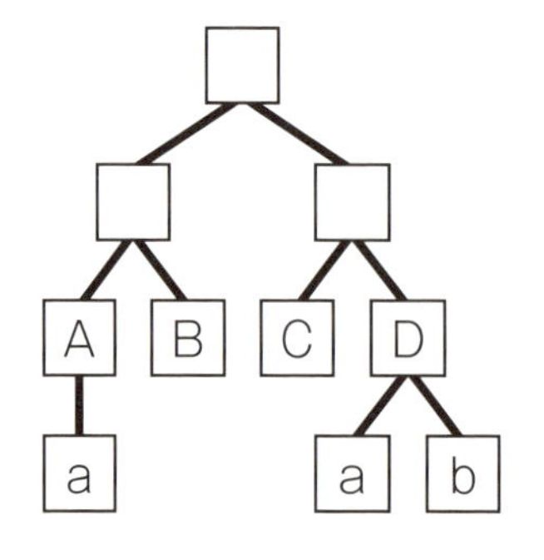

必要なデータにアクセスするルートは1つしかない

左下の図を例にとってみましょう。「a」は「A」に従属し、かつ「D」に従属する場合、図のように「a」は2つ必要となります。学校の部活動で例えるなら、生徒aは野球部に所属し、かつ茶道部にも所属する場合、階層型データモデルでは生徒aの実体を2つ作らなくてはなりません。

このように、階層型データモデルではどうしてもデータの冗長化が起こりやすくなってしまうのです。また、階層型データモデルの場合、アプリケーションはデータの構造に強く依存します。そのため、データの構造に変更があればそれに併せてアプリケーションも作り直さなくてはなりません。

ネットワーク型データモデル

ネットワーク型データモデルとは、データの構造を網の目のように表すデータモデルです。ネットワーク型データモデルで作成されたデータベースを**ネットワーク型データベース**と言います。ネットワーク型データモデルは、データのつながりが網の目のように張り巡らされていますので、必要なデータにアクセスするためのルートが1つしかなかった階層型データモデルと違い、複数のルートが存在します。そのため、階層型データモデルで問題となっていたデータの冗長化は、ネットワーク型モデルでは発生しません。

■ネットワーク型データベース

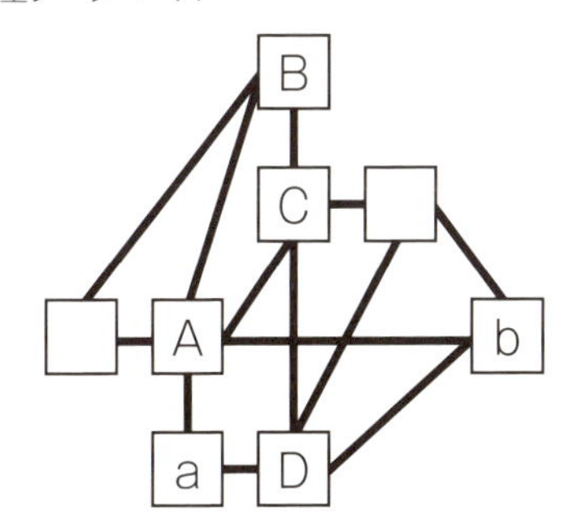

必要なデータにアクセスするためのルートが複数ある

先ほどの階層型データモデルの例で言えば、「A」と「D」に従属する「a」は、ネットワーク型データモデルにおいては、上の図のように表すことができます。しかし、階層型データモデルと同様、やはりアプリケーションはデータ構造に強く依存します。必要なデータにアクセスするためのルートを、アプリケーション側に実装する必要があるからです。

階層型データモデルにも言えることですが、アプリケーションがデータの構造に強く依存すると、データの構造を容易に変更することができません。

リレーショナル型データモデル

リレーショナル型データモデルは、データを2次元の表で表します。リレーショナル型データモデルで作成されたデータベースを**リレーショナル型データベース**と言います。Excelを使ったことがある人は、Excelで作った表を思い浮かべてください。リレーショナル型データモデルでは、この表のことを**テーブル**と言います。テーブルの列を**フィールド**、行を**レコード**と言い、フィールドはデータの項目を表し、レコードはデータそのものを表します。

階層型データモデルとネットワーク型データモデルは、アプリケーションがデータの構造に強く依存しました。そのため、データの構造を変更しなければならなくなった場合、アプリケーション側でもルートの再修正が必要となります。しかし、リレーショナル型データモデルの場合、データは必ず2次元の表で表されるためデータ構造は単純でわかりやすく、またアプリケーションの変更も容易です。

■リレーショナル型データベースは2次元の表で表される

テーブル　　フィールド（列）　　レコード（行）

コード	名前	カナ	誕生日	部門コード
101	細田香織	ホソダカオリ	1978/2/12	10
102	秋田有里	アキタユリ	1960/12/21	20
103	須賀幹男	スガミキオ	1992/9/26	10
104	大宮綾音	オオミヤアヤネ	1991/9/25	30
105	橋本新吉	ハシモトシンキチ	1962/11/11	30

また、次の図のように複数のテーブルにて同じ値を持つ行によって**関連付け**（リレーションシップ：Relationship）することもできます。

■リレーショナル型データベースの関連付け

社員テーブル

コード	名前	カナ	誕生日	部門コード
101	細田香織	ホソダカオリ	1978/2/12	10
102	秋田有里	アキタユリ	1960/12/21	20
103	須賀幹男	スガミキオ	1992/9/26	10
104	大宮綾音	オオミヤアヤネ	1991/9/25	30
105	橋本新吉	ハシモトシンキチ	1962/11/11	30

部門テーブル

部門コード	名称
10	総務部
20	営業部
30	開発部

社員テーブルと部門テーブルが同じ値を持つ行によって関連付けられている

リレーショナル型データモデルは、現在の主流データモデルです。本書でもリレーショナル型データベースを中心に解説します。

オブジェクト型データベース

オブジェクト型データベースは、**オブジェクト指向プログラミングにおけるオブジェクトの概念を取り入れたデータベース**です。オブジェクト指向は、ソフトウェア開発手法の1つで、プログラムを処理の手順（手続き）ではなく、処理対象（オブジェクト）に着目する考え方です。オブジェクト指向プログラミングにおけるオブジェクトとは、データと手続きをひとまとめにしたものです。オブジェクト指向プログラミングは、今日の最も主流のプログラミング開発手法であり、IT技術者の必須知識でもあります。オブジェクト指向プログラミング言語には、Java、C#、Python、Rubyなどが挙げられます。

オブジェクト型データベースは、データと手続き（**メソッド**と言います）をひとまとめにしたオブジェクトをデータベースに格納します。そのため、オブジェクト指向プログラミング言語との相性がよく、それらによって開発されたアプリケーションとオブジェクトを共有することが可能となります。

■オブジェクト型データベース

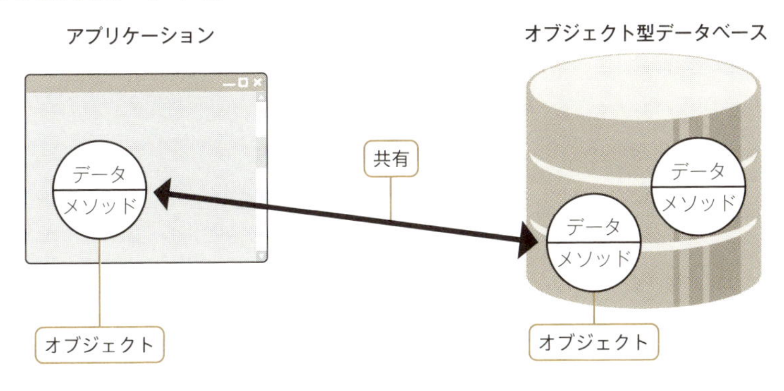

ちなみに、オブジェクト型データベースを管理するデータベース管理システムは、**オブジェクトデータベース管理システム**と呼ばれており、リレーショナル型データベースにオブジェクト指向におけるオブジェクトの概念を取り入れたデータベースは、**オブジェクト関係データベース**と呼ばれています。

XMLデータベース

XMLデータベースは、XML文書をデータとして扱うデータベースです。「XML」とは、ホームページを作成するときに用いられるHTMLの後継として開発された「マークアップ言語」です。マークアップ言語とは、文書を「タグ」と呼ばれる特別な文字列で囲うことで文書の構造を定義したり文字列を修飾したりすることができる記述言語です。

Webページの作成に使われるHTMLもマークアップ言語ですが、HTMLはあらかじめ定義されているタグを用いるのに対し、XMLは独自にタグの定義を決めることができます。そのため、多種多様な分野において汎用的に使用することができ、とくにインターネット環境におけるデータ交換の手法としての用途で多く利用されています。

リレーショナル型データベースではデータを2次元の表（テーブル）で使えるようにデータベースを構築する必要がありますが、XMLデータベースではタグとしての階層構造を持っているXML文書をそのままの形で使用できるため、柔軟で拡張性に富んだデータベースを構築することが可能です。

■XMLデータベース

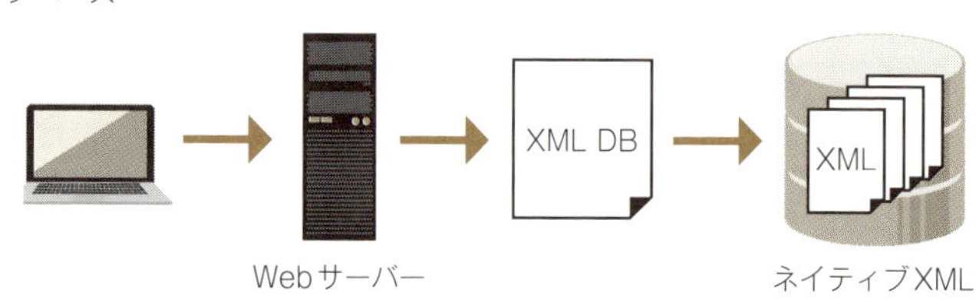

XMLデータベースへの問い合わせには、「XPath」と「XQuery」という言語を用います。XPathは、XML文書の階層構造をたどることで目的とする要素や属性にアクセスすることができます。XQueryは、XPathをもとに発展させた技術で、リレーショナル型データベースへの問い合わせで使用するSQL（第4章参照）に比較的近い言語仕様となっています。

リレーショナル型データベース管理システムの中には、XML文書を格納することができる機能を持つものも存在します。これをXMLデータベースと呼ぶ場合もあるため、XML専用のデータベースを、これと区別するために「ネイティブXMLデータベース」と呼ぶ場合もあります。

スキーマとは

最後に、データモデルを**スキーマ**（Schema）という概念から考察する方法を説明します。スキーマとは、データベース構造を意味し、「概念スキーマ」「外部スキーマ」「内部スキーマ」の3つに分けることができます。

概念スキーマ

概念スキーマは、データベースに管理される対象を定義します。リレーショナル型データベースを例にすると、「テーブル」が概念スキーマに該当します。

外部スキーマ

外部スキーマは、データベースの利用者が必要とする対象を定義します。リレーショナル型データベースを例にすると、「ビュー」（View）が外部スキーマに該当します。「ビュー」については第3章で解説します。

内部スキーマ

内部スキーマは、データの物理的な格納方法を定義します。ハードディスクなどの記憶媒体に物理的に書き込むための構造であり、ファイルサイズやデータ配置などが該当します。

概念スキーマのことを「スキーマ」、外部スキーマのことを「サブスキーマ」、内部スキーマのことを「記憶スキーマ」と呼ぶこともあります。

■スキーマの概念

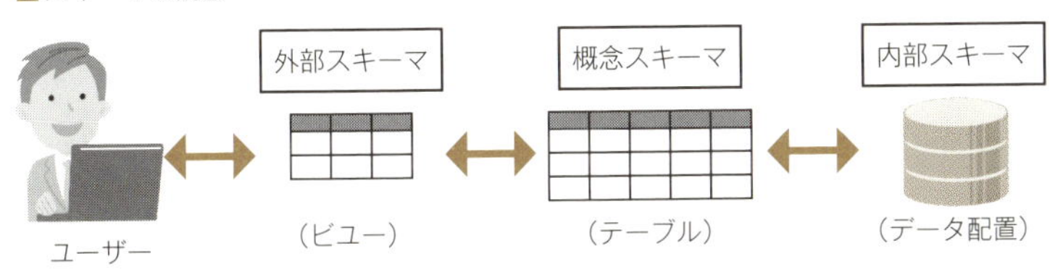

まとめ

- データベースには現実社会のデータをモデル化したものを格納する
- データモデルには「概念モデル」と「論理モデル」がある
- データベースの構造は「スキーマ」によって3つに分けられる

Section

03 データベース管理システムのしくみと種類

データベースの歴史は古く、1959年にW.C.McGee氏によって提唱された論文がデータベースの起源と言われています。それから50年以上の歳月を経た現在、主流となっているデータベースを解説します。

データベース管理システムとは

P.11で、データベースとはデータを管理・保存するためのしくみが備わっているシステムだと説明しました。このシステムのことを、データベース管理システム（DBMS：Database Management System）と言います。一般的に、データベース管理システムには次のような機能があります。

- データの整合性を保持する
- データの機密性を保護する
- 複数のユーザーからの同時アクセスを制御する
- 障害が起きた後でもデータを復旧することができる
- 容易にデータを操作することができる

「データ」を集めた広義の「データベース」と、データベースを管理するための「データベース管理システム」の2つを合わせて、「データベースシステム」と言います。また、データベースシステム自体がデータベースと呼ばれる場合もあります。

■データベースシステムのしくみ

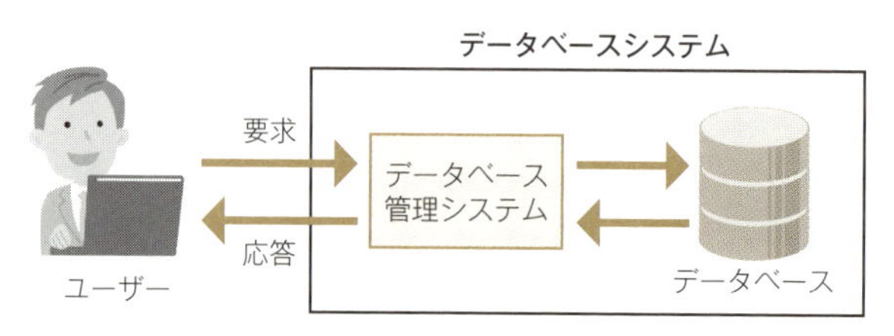

●リレーショナル型データベースシステムの種類

現在主流となっているリレーショナル型データベース。そのデータベース管理システムのことをリレーショナル型データベースシステム（RDBMS：Releational Database Management System）と言います。

RDBMSには、無償で提供されているものと有償のものがあります。無償で提供されているRDBMSには、オープンソース（OSS：Open Source Software）のMySQLやPostgreSQLがあります。MySQLとPostgreSQLは、ソフトウェアの設計図ともいうべきソースコードがインターネット上で公開されており、誰もがかんたんに入手することができます。有償で提供されているRDBMSでは、Oracle社のOracleとMicrosoft社のSQL Serverが有名です。代表的なRDBMSを以下に紹介します。

SQL Server

SQL Serverは、Microsoft社が開発しているリレーショナル型データベースです。データベースの規模に応じて複数のエディション（Edition：目的や値段による機能の違い）があり、大企業向けで高性能なものから無償で利用できるものまで存在します。同社のWindows OSとの親和性が高く、すぐれたGUI（Graphical User Interface：グラフィカル ユーザー インターフェイス。マウスによる直感的な操作ができるインターフェイス）がSQL Serverの特徴です。

・SQL Serverのサイト
https://www.microsoft.com/ja-jp/sql-server/sql-server-2017

■SQL Server

Oracle Database

Oracle Databaseは、Oracle社が開発しているリレーショナル型データベースです。Microsoft社のWindows OSやApple社のmacOS、オープンソースのLinuxなど、さまざまなプラットフォーム（Platform：ソフトウェアが動作するための基盤となる機能や環境）をサポートしています。世界初の商用リレーショナル型データベースであり、リレーショナル型データベースの中でも高いシェアを誇ります。

・Oracle Databaseのサイト
https://www.oracle.com/jp/database/

■Oracle Database

DB2

DB2は、IBM社が開発しているリレーショナル型データベースです。1970年代に開発された初のリレーショナル型データベースである「SystemR」が基礎になっています。プラットフォームはメインフレーム（Mainframe：企業の基幹業務などに使用される大型コンピューター）が主ですが、Windows OSやLinux、Unixをサポートする製品も存在します。DB2は、他の商用リレーショナル型データベースであるOracleやSQL Serverほどのシェアはありませんが、メインフレームの分野においてはDB2が独占状態といってよいでしょう。データ管理のための豊富なウィザードが用意されており、操作が直感的でわかりやすいのが特徴です。

・DB2のサイト
https://www-01.ibm.com/software/jp/cmp/db2/

■DB2

MySQL

MySQLは、オープンソースのリレーショナル型データベースです。MySQL AB社が中心となって開発を進めていましたが、MySQL AB社は2008年にSun Microsystems社によって買収され、さらに2010年にSun Microsystems社はOracle Databaseの開発元であるOracle社によって買収されてしまいました。トランザクション（Transaction）をサポートしない代わりにデータ検索を高速にするための機能があります。CUIによる操作がメインですが、GUIで操作をするための無償ツールも存在します。

・MySQLのサイト
https://www.mysql.com/jp/

■MySQL

PostgreSQL

PostgreSQLは、オープンソースのリレーショナル型データベースです。「ポストグレエスキューエル」と読みます。また、略して「ポスグレ」と呼ばれることもあります。オープンソースのリレーショナル型データベースとしては、日本国内でのシェア第1位です（世界シェアはMySQLに次ぐ第2位）。

- PostgreSQLのサイト
  https://www.postgresql.org/

■PostgreSQL

そのほかにも、パブリックドメインで軽量なデータベースのSQLite、Microsoft社のOffice製品であるMicrosoft Accessなど、さまざまなリレーショナル型データベースがあります。

- データベース管理システムにはデータ管理のための機能がある
- 現在の主流となるデータベースはリレーショナル型データベース
- 無料かつ高機能なオープンソースのデータベースもある

第2章

データベース運用・管理の基本を知ろう

Section

01 データベース技術者の業務内容

データベースの運用・管理を行うデータベース技術者の業務内容は、2つに大別できます。1つは、データベースの保守業務です。もう1つは、データベースアプリケーションの設計・開発です。

データベースの保守業務

データベースの保守業務は、日々の業務のなかでデータベースを監視し、保守することを目的としています。

社内に人員が増員された場合、その人がデータベースを利用できるように新たなユーザーIDとパスワードをデータベースに割り当てたり、逆に退職した社員のユーザーIDをデータベースから削除したりします。

また、データベースサーバーに異常な負荷が掛かっていないか、データベースが不正に利用されていないかを監視し、必要に応じて対策を行うのもデータベース保守業務の1つです。

さらに、データベースサーバーが故障した場合に備えてデータをバックアップし、故障した場合は迅速に予備のデータベースサーバーにバックアップを復元することで、業務が停滞する時間を最小限に食い止めます。

上記に挙げた作業の詳細は後述しますが、このように、データベースの保守業務は、企業における業務の要と言っても過言ではありません。

■データベースの保守業務

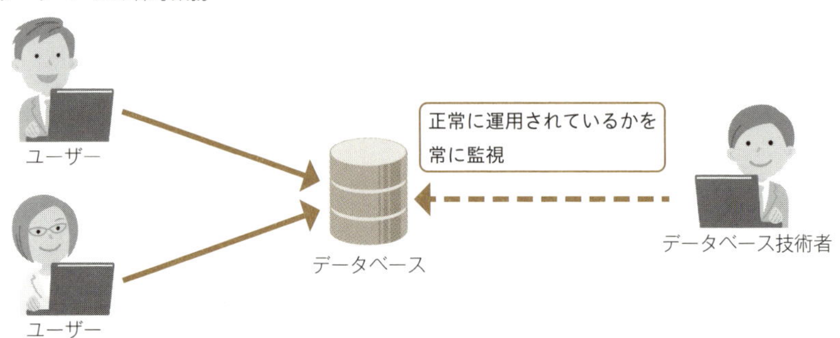

データベースアプリケーションの設計と開発

データベースを利用するアプリケーション（ソフトウェア）のことを、データベースアプリケーションと言います。データベースアプリケーションの設計・開発を行う業務は、プログラマー（PG）やシステムエンジニア（SE）と呼ばれる職種に分類されます。中小企業のデータベース技術者の場合、上記の保守業務と設計・開発業務を兼任する場合もあります。

1からデータベースアプリケーションを設計する場合、前述の保守業務のやりやすさを考慮したものでなければなりません。

また、データベースアプリケーションの開発には、データベースを操作するための専用言語であるSQLの習熟が必要です（第4章参照）。さらに、アプリケーション開発のためのプログラミング言語（C#やVisual Basicなど）の習熟も必要です（第5章参照）。

データベース設計やデータベースアプリケーション開発は、非常に専門的な要素が強く、習熟には時間と経験が必要です。これらに関する知識についても後述します。

■データベースアプリケーションの設計・開発業務

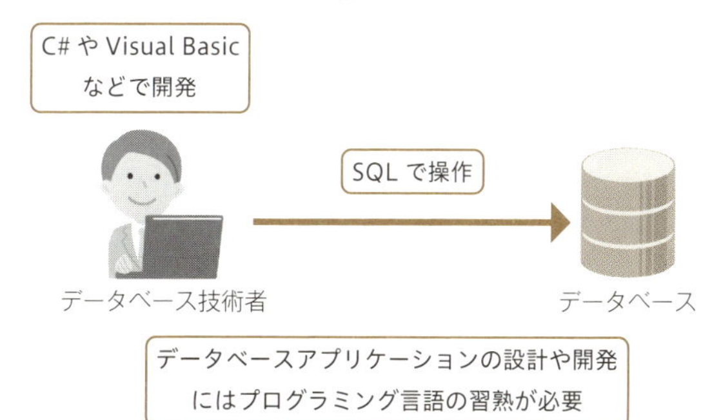

まとめ

- データベース技術者の業務内容は大きく分けて2つ
- データベースの保守業務ではデータベースの監視と保守を行う
- データベースアプリケーションの開発には専用言語の知識が必要

Section 02

データベースの運用・管理①　～データベースのバックアップ

データベース技術者の業務には、稼働中のデータベースの運用と管理を行う保守業務が存在することについては前述のとおりです。ここからは、データベースの保守業務について詳しく述べます。

データベースのバックアップ

データベースシステムには、何らかの障害が発生した場合にデータを復旧するための機能が備わっています。この場合の障害とは、データベースサーバーのディスク障害等の物理的な障害だけでなく、ユーザーが不用意に必要なデータを削除してしまった場合などの人為的なミスも含まれます。

データベースを復旧するしくみには、

- バックアップ
- ログ（ジャーナル）
- チェックポイント

の3つがあります。それぞれについて解説します。

バックアップ

ある時点におけるデータベースの状態をコピーしたものを「バックアップ」(Backup）と言います。バックアップは、ハードディスクや外付けハードディスクなどにファイルとして保存します。これを、バックアップファイルと言います。障害が発生したら、バックアップファイルをデータベースに復元することで、バックアップ時点の状態にデータベースを戻すことができます。バックアップを復元することを、「リストア」(Restore）と言います。

ログ（ジャーナル）

データが更新される前に、更新前の内容と更新後の内容、および処理の内容を記録したものを「ログ」(Log)、もしくは「ジャーナル」(Journal) と言います。前述のバックアップと併せて、障害が発生した直前のデータを復元することができます。

チェックポイント

データベースとログの内容の整合性が取れている時点のことを「チェックポイント」(Check Point) と言います。要は、データベースのデータは、「バックアップ」と「ログ」により、障害が発生する直前の「チェックポイント」までデータを復元することが可能です。

■バックアップとログとチェックポイント

データベースに障害が発生した場合バックアップとログがあればチェックポイントの段階までデータを復元することができる

第3章で詳しく述べますが、「トランザクション」(Transaction) という機能も、データベースを復旧するための手段と言えます。トランザクションとは処理の単位のことで、トランザクション処理中に何らかの要因でデータベースアプリケーションに不具合が発生した場合、「ロールバック」(Rollback) によってトランザクション処理を実行前の状態に戻します。ロールバックは、障害発生時のデータに対し、更新前のログを用いてデータベースを復旧させる機能です。

また、データベースサーバーにハードディスク障害等の物理的な障害が発生した場合、最新のバックアップデータを代替機に復元し、さらに更新後のログを用いて障害直前の状態に戻します。このような復元方法を、「ロールフォワード」(Roll Forward) と言います。

■ロールバックとロールフォワード

データベースのバックアップおよびリストアの方法については、データベースシステムの種類によって異なるので割愛しますが、バックアップファイルをデータベースサーバー内のハードディスクに保存する場合、データベースサーバーのディスク障害によって読み取りができなくなってしまう危険性があります。そのため、できれば外付けハードディスクなどにバックアップファイルを保存することをお勧めします。

また、地震などにより近隣地域に及ぶ災害が発生した場合を想定し、距離的に離れている支部や営業所にデータベースサーバーを**ミラーリング**（ディスクの内容をコピーすること）することで、データ損失の危険性を低減します。最近であれば、バックアップ先としてクラウドサービスを利用する企業も増えています。

ハードディスクの壊れやすさ

さて、ハードディスクはどのような環境下で故障しやすくなるのでしょうか。ハードディスクの故障率と周囲の環境における相関関係について、Google社は2007年に自社のデータセンターにある10万台のハードディスクで調査を行い、論文にまとめました。

調査の対象となったハードディスクは、シリアルもしくはパラレルATAの一般的なディスクドライブで、ディスクの回転数は5400rpmから7200rpm、ディスク容量は80GBから400GBまでのものが対象です。

計測された内容は、次のとおりです。

・ディスクの読み書きの頻度
・ディスクドライブの温度
・SMART値の各種パラメータ

SMARTとは、Self-Monitoring, Analysis and Reporting Technology（セルフモニタリングアナリシスアンドリポーティングテクノロジー）の略で、ハードディスクの物理的な障害を早期に発見するためにリアルタイムにハードディスクの状態を検査する機能のことを言います。

調査の結果、次のようなことがわかりました。

①ディスクの読み書きの頻度が高いものが壊れやすいというわけではない
②ディスクドライブの温度が高いほど壊れやすいというわけではない
③使用経過日数が長くなるほど壊れやすいというわけではない

この3点に関し、ハードディスクの故障に関する当時の通説とはまったく異なる結果となりました。とくに、②については30度から40度あたりの温度がもっとも壊れにくく、それより低い温度の場合、逆に故障率が上がるという結果になりました。

またSMART値については、以下のパラメータに故障率との相関関係が見受けられました。

・スキャンエラー（読み込み失敗）
・リアロケーション数（読み書きに失敗したため、別の場所を用いるように変更した回数）
・オフラインリアロケーションが発生したかどうか（ディスクの読み書き中ではなく、ディスクドライブが手の空いているときに自主的に行うリアロケーションのこと。これが発生したディスクドライブは、故障率が高くなる）

・リアロケーション前のセクタ数（障害を検知したが、リアロケーションするには至っていない数）

逆に、相関関係が見受けられなかったSMART値のパラメータについては、次のようなものがあります。

・シークエラー（ドライブがヘッドに合わせるのに失敗し、ふたたびディスクが回転するのを待たなければならない状態になったこと）

SMART値のパラメータについては、Windowsの場合は「イベント ビューアー」を定期的に確認し、ハードディスクの故障を早期に発見できるよう心がけましょう。Windows 10の場合は、スタートメニューを右クリックして、＜イベントビューアー＞をクリックして起動し、「Windowsログ」の「システム」や「カスタムビュー」の「管理イベント」を確認します。

■イベントビューアー

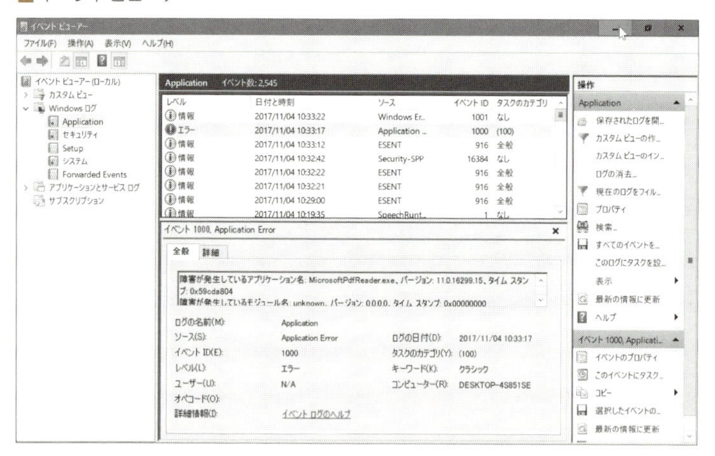

まとめ

- データベース保守業務の1つにデータベースのバックアップ作業がある
- バックアップによってデータを復元（リストア）できる
- ハードディスクが故障する前にその前兆を検知する必要がある

Section 03

データベースの運用・管理②〜データベースの保管場所

データベースサーバーでは、社員のデータや個人情報など、非常に重要なデータを取り扱っている場合が多くあります。そのような役割を担うデータベースサーバーは、どのような場所で保管するべきでしょうか。

データベースサーバーの保管場所

データベースサーバーの保管場所の理想は、サーバーを保管するためだけのサーバー室を設けて、そこに保管することです。データベースサーバーをサーバー室に保管する利点としては、次のような点が挙げられます。

①出入り口に鍵を設置することで、第三者が侵入しにくくなる
②室内にエアコンを設置することで、気温を一定に保たれる
③耐震ラックを設置することで、耐震補強をしやすい

①については、サーバー室への侵入を防ぐことにより、データベースサーバーが盗難に遇う危険性や破壊されてしまう危険性を軽減します。データベースサーバーをワイヤーで施錠することで、盗難の危険性も軽減します。

②については、前述のとおり気温が低いからといってハードディスクは壊れにくくなるわけではありません。ハードディスクが異常に熱を帯びないよう、気を遣う程度でよいかと思います。

③については、耐震ラックなどでサーバー室内を耐震補強することにより、振動による落下や故障を防ぐことができます。

もし、サーバー室での管理が難しいようであれば、最低でもデータベースサーバーをワイヤーで施錠しましょう。また、日が当たりやすい場所に置くと、思わぬ気温の上昇によりハードディスクが熱を持ってしまう危険性があります。

■ワイヤーによる施錠

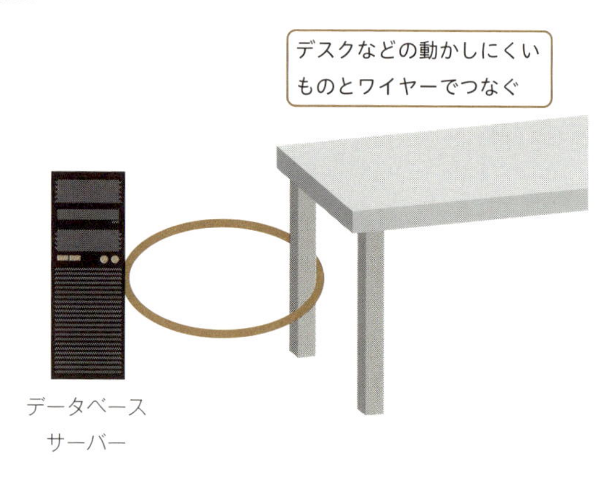

突然の停電や瞬電に備えるUPS

落雷による急な停電や瞬断（電源が一瞬途切れる現象）によってコンピューターの電源が落ちてしまった場合、ハードディスクが故障してしまう危険性があります。故障はせずとも、Windows OSであれば次回起動時にスタートアップ修復が実行され、コンピューターの起動に多くの時間を必要とする可能性もあります。ミラーリング（P.34参照）を行っているコンピューターの場合は、ディスクのチェックが自動的に実行されることもあり、その場合は起動からしばらくの間はコンピューターの処理速度が著しく低下することもあります。

このような事態を防ぐために、コンピューターにはUPS（無停電装置）の設置を推奨します。UPSには大容量バッテリーが内蔵されており、一般的なコンピューターを数分間起動させるだけの電源を供給することが可能です。停電や瞬電が発生した場合、その数分間で正常なシャットダウンを行いましょう。

もし、社内のコンピューターにUPSが設置されていない場合は、ぜひとも早急に設置しましょう。予算の関係上、すべてのコンピューターにUPSを設置することができなければ、データベースサーバーを含む主要なコンピューターのみ、設置を検討します。筆者の経験上、UPSの寿命はおおむね5年未満です。寿命を迎えたUPSは、内蔵バッテリーの残量が切れて充電ができなくなります。その場合、内蔵バッテリーの充電切れを知らせる警告アラームが鳴る製品もあります。

UPSの設置は、下図のようにUPSから出ている電源ケーブルをコンセントに差し、UPSに付いている電源の差し込み口にコンピューターの電源ケーブルを差します。

■UPS（無停電装置）の設置

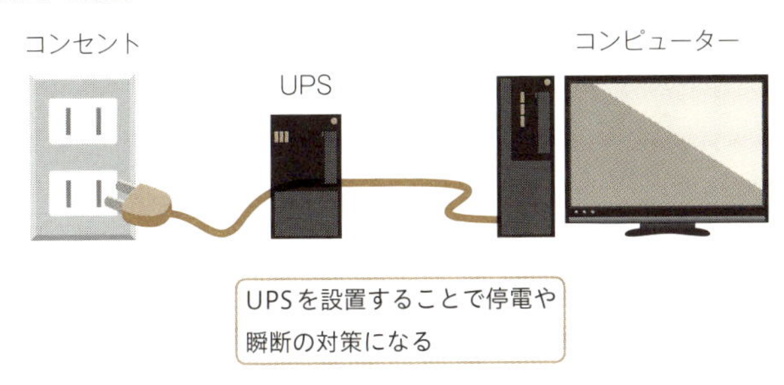

UPSに付いている電源の差し込み口は、たいてい複数付いています。また、差し込み口の違いによって、次のような機能の違いがあるUPSも存在します。

・マスタコンセント
・マスタ連動コンセント

マスタ連動コンセントは、マスタコンセントの電源がオフになったときに、連動して電源をオフにする機能があります。たとえば、マスタコンセントにはコンピューターを接続し、マスタ連動コンセントにはコンピューターに付随するモニターやスピーカーなどを接続します。

まとめ

- **データベースサーバーの物理的な安全性を確保するのも保守業務の1つ**
- **データベースサーバーの盗難を防ぐための対策が必要**
- **データベースサーバーの停電／瞬断対策には無停電電源装置（UPS）を導入する**

Section

04 データベースの運用・管理③ ～ユーザー管理

データベースには、データベースを利用するユーザーごとにアクセスできるデータを制限するしくみを備えています。ここでは、データベースのユーザー管理について解説します。

ユーザー管理と権限

もし、誰もが自由にデータベースにアクセスすることができ、すべてのデータを参照したり更新したりすることができたとしたら、どうなるでしょう？会社の経理課でもない人があなたの給与データをこっそりと覗き見ることもできてしまいますし、あなたのボーナスの査定を大幅に書き換えられてしまう可能性もあります。これでは、データのセキュリティ面において大きな問題となってしまいます。

データベースでは、たとえば次のように**権限**を設定することが可能です。

■ユーザーの権限

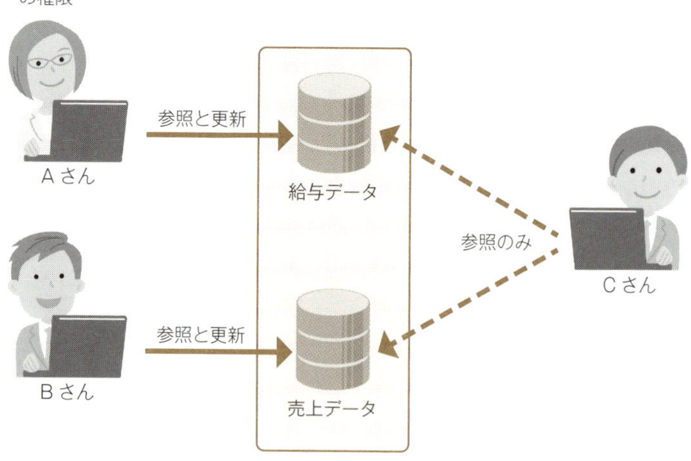

Aさん：給与データの参照と更新が可能。売上データにはアクセスできない
Bさん：売上データの参照と更新が可能。給与データにはアクセスできない
Cさん：給与データの参照と売上データの参照のみ可能

作成した直後のデータベースには、データベースの管理者ユーザーが登録されています。管理者ユーザー以外の一般ユーザーは、管理者ユーザーが作成します。図のように、**各ユーザーに対して、データベースの参照と更新が可能、データベースの参照のみ可能などの権限を設定**することで、セキュリティを保つことができます。なお、管理者はすべての権限を持っており、それを変更することはできません。

また、各ユーザーに対してデータベースにログインするためのパスワードを設定することも可能です。パスワードを設定することで、営業部の社員が経理課の社員を装って給与データを覗き見るといったことを防ぐことができます。

そのほかにも、データベース管理者は、随時新たなユーザーを追加したり、不要になったユーザーを削除したり、ユーザーの権限を変更したりすることができます。その際、データベースのアクセス以外に、パスワードの設定やユーザの追加や削除などの権限を与えることもできます。

以下は、その一例です。

■ユーザーの権限の例

	管理者	Aさん	Bさん	Cさん
給与データ	参照と更新が可能	参照と更新が可能	アクセス不可	参照のみ可能
売上データ	参照と更新が可能	アクセス不可	参照と更新が可能	参照のみ可能
パスワードの設定	設定可能	給与データに設定可能	不可	不可
ユーザの追加や削除	可能	不可	売上データに設定可能	不可

- **データベース保守業務の1つにユーザーの管理業務がある**
- **管理者はユーザーの追加や削除が行える**
- **管理者は権限やパスワードの設定を行ってセキュリティ向上に努める**

Section 05

データベースの運用・管理④ ～データベースサーバーの監視

データベースサーバーに異常が発生した場合、データベース管理者はいち早く検知し、早急に対応しなければなりません。ここでは、データベースの監視方法について解説します。

データベースサーバーの稼働状況を監視

データベースサーバーがインターネット上に公開されているWebサーバーの場合、Webサーバーが稼働しているかどうかを監視するためのツールを提供しているWebサイトがあります。また、無償のソフトウェアにもネットワークを監視するソフトウェアがあるので、それらを利用するとよいでしょう。監視の方法としては、

- PING監視
- ポート監視

などがあります。それぞれについて解説します。

PING監視

PING監視は、定期的にWebサーバーに対してPINGコマンドを実行し、そのレスポンスを調査します。PINGコマンドとは、コンピューターがTCP/IP通信が可能かどうかを調査するためのコマンドです。

たとえば、Windowsの「コマンドプロンプト」でYahoo!ポータルサイトに対してPINGコマンドを実行してみましょう。Windows 10であれば、スタートメニューを右クリックして、＜コマンドプロンプト＞をクリックすると、コマンドプロンプトが起動します。Yahoo!のポータルサイトにPINGを実行するコマンドは、次のとおりです。

```
PING www.yahoo.co.jp
```

実行結果は、以下のようになります、

```
edge. g.yimg.jp [183.79.248.124]に ping を送信しています 32 バイトのデータ:
183.79.248.124 からの応答: バイト数 =32 時間 =19ms TTL=53
183.79.248.124 からの応答: バイト数 =32 時間 =17ms TTL=53
183.79.248.124 からの応答: バイト数 =32 時間 =17ms TTL=53
183.79.248.124 からの応答: バイト数 =32 時間 =17ms TTL=53

183.79.248.124 の ping 統計:
    パケット数: 送信 = 4、受信 = 4、損失 = 0 (0% の損失)、
ラウンド トリップの概算時間 (ミリ秒):
    最小 = 17ms、最大 = 19ms、平均 = 17ms
```

上記は、Webサーバーから応答があった（正常に接続できた）場合の結果です。PINGコマンドは、IPアドレスでも実行可能です。

```
PING 192.168.1.255
```

実行結果が以下のようになることもあります。

```
192.168.1.255 に ping を送信しています 32 バイトのデータ:
要求がタイムアウトしました。
要求がタイムアウトしました。
要求がタイムアウトしました。
要求がタイムアウトしました。

192.168.1.255 の ping 統計:
    パケット数: 送信 = 4、受信 = 0、損失 = 4 (100% の損失)、
```

この例の場合、192.168.1.255の端末が何らかの事情により、こちらからの応答要求を返せなかった、つまり、192.168.1.255の端末に何かしらの異常があったことを示します。これがWebサーバーであった場合、そのWebサーバーは正常なサービスを提供していないということになります。

ポート監視

Webサーバーが稼働中であっても、Webサーバーが提供しているサービス

が停止しているケースも考えられます。その場合、PINGコマンドだけでは異常を検知できません。そのため、PING監視以外にサービスの状態を監視する手法も必要となります。それが、ポート監視です。

「ポート」(Port)とは、インターネット通信するための連結口のことで、ポートごとに通信の状態を調査することにより、サービスの稼働状況を知ることができます。たとえば、Webサーバーが稼働中であってもWebページを表示するために必要なポートと通信ができない場合、PING監視では異常を検知できませんが、ポート監視であれば異常を検知することができます。

ポート監視にはポート番号を指定します。0から1023はよく使われるポート番号で、Webサーバーの場合は80番が使われています。

ポート監視とポート番号の具体例を挙げると、たとえばメールを送信するために使用する「SMTP」(Simple Mail Transfer Protocol)のポート番号には、25と587があります。たとえ、コンピューターが起動していたとしても、25もしくは587のポート番号が何らかの原因によって使用できない場合、結果的にそのコンピューターではメールが送信できません。つまり、そのコンピューターが提供するサービスの一環としてメールを送信する機能があった場合、ポート監視によってそのサービスに不具合が発生していることを検知できるのです。

■ポート番号の種類

範囲	種類	内容
0～1023	WELL KNOWN PORT NUMBERS	一般的なポート番号
1024～49151	REGISTERED PORT NUMBERS	登録済みポート番号
49152～65535	DYNAMIC AND/OR PRIVATE PORTS	自由に使用できるポート番号

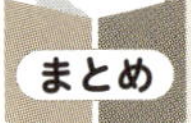

- **データベースサーバーの監視方法にはPING監視とポート監視がある**
- **PING監視はデータベースサーバーへの通信経路に問題がないか確認する**
- **ポート監視はデータベースサーバー自体のポートに問題がないか確認する**

Section 06

データベースの運用・管理⑤ ～データの移行

業務システムを変更することになった場合、旧システムで使用していたデータを新システムに移行する必要が出てくる場合があります。ここでは、CSVファイルを利用した移行例を解説します。

旧システムからのデータ移行

旧システムから新システムにデータを移行する場合、旧システムからデータを出力（エクスポート：Export）するしくみと、新システムにてデータを取り込む（インポート：Import）しくみが備わっている必要があります。

一般的なデータ移行の手段としては、CSVファイルを用います。CSVファイルとは、カンマ（,）によって区切られたデータをテキスト形式で保存したファイルです。以下は、CSVファイルの例です。

```
コード,名称,性別,入社年月日,退職年月日
1,五十嵐貴之,m,1999/04/01,2007/7/31
2,鈴木一郎,m,1995/04/01,2018/03/31
3,山田花子,f,1993/04/01,2016/03/31
```

これは、表にすると次のようなデータに該当します。

コード	名称	性別	入社年月日	退職年月日
1	五十嵐貴之	m	1999/4/1	2007/7/31
2	鈴木一郎	m	1995/4/1	2018/03/31
3	山田花子	f	1993/4/1	2016/3/31

つまり、1つのCSVファイルがテーブルに該当し、1行が1レコード、カンマによって区切られた列がフィールドに相当します。

旧システムにこのCSV出力の機能が備わっている場合、移行したいデータ

をCSVに出力し、新システムで取り込みます。無論、新システムにもCSVファイルを取り込む機能があることが条件です。

ただ、旧システムから出力したCSVが、そのまま新システムで取り込めるわけではありません。新システムで取り込めるよう、CSVファイルの列の順番を変更するなどの編集作業を行う必要があります。

たとえば、旧システムから以下のようなレイアウトの得意先データを出力したとします。

■旧システムから出力した得意先マスタデータのCSVレイアウト

1列目	得意先コード
2列目	得意先名称
3列目	得意先郵便番号
4列目	得意先住所
5列目	得意先住所丁目番地
6列目	得意先電話番号
7列目	得意先FAX番号

新システムでは、顧客データを次のようなCSVレイアウトで取り込むように設計されているとします。

■新システムで取り込み可能な得意先マスタデータのCSVレイアウト

1列目	得意先コード
2列目	得意先名称
3列目	得意先略称
4列目	得意先電話番号1
5列目	得意先電話番号2
6列目	得意先FAX番号1

7列目	得意先FAX番号2
8列目	得意先郵便番号
9列目	得意先住所1
10列目	得意先住所2

この場合、旧システムから出力したCSVファイルには、足りない項目に値を入れたり、不要な項目を削除したりするなどの編集作業を行う必要があります。

CSVファイルを編集する際、Windows 10などでMicrosoft Excelがインストールされていれば、CSVファイルがExcelアプリケーションに関連付けされているため、CSVファイルをダブルクリックすると、Excelが起動して開くことができます。その際に注意が必要なのですが、CSVファイルをExcelで開いた場合、値の先頭の0が自動的に削除されてしまいます。たとえば、

```
コード,名称,電話番号
0001,五十嵐貴之,09012345678
0002,鈴木一郎,08012345678
0003,山田花子,07012345678
```

という内容のCSVファイルがあった場合、これをExcelで開くと次のようになります。

コード	名称	電話番号
1	五十嵐貴之	9012345678
2	鈴木一郎	8012345678
3	山田花子	7012345678

よく見ると、コード列と電話番号列の値にて、先頭の0が削除されているのが確認できます。このままでは、先頭の0が削除されたままの状態で保存

されてしまいます。
　これを防ぐためには、

　①メモ帳などのテキストエディタでCSVファイルを開く
　②Excelから文字列データとしてCSVを開く

の2つの手法があります。
　①の場合、テキストエディタで開けば先頭の0が削除されてしまう現象は防げるのですが、CSVの列数が多くなるほど編集する値を見つけ出すのが困難になります。
　②の場合、次の手順でCSVファイルを開きます。

❶ Excelを起動します。新規ファイルで＜データ＞タブをクリックし、＜外部データの取り込み＞→＜テキストファイル＞の順にクリックします。

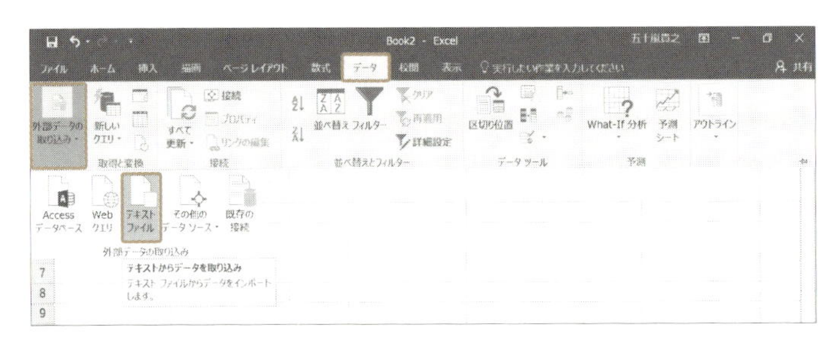

❷読み込むCSVファイルをクリックし、＜インポート＞をクリックします。

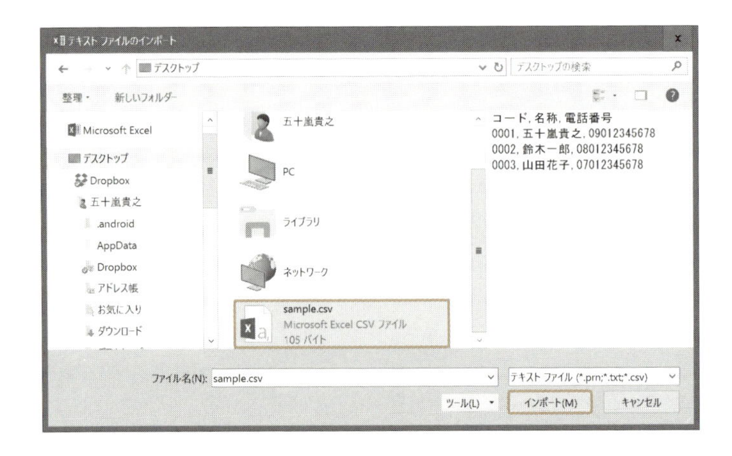

❸「テキスト ファイル ウィザード」が表示されます。＜カンマやタブなどの区切り文字によってフィールドごとに区切られたデータ＞を選択して＜次へ＞をクリックします。

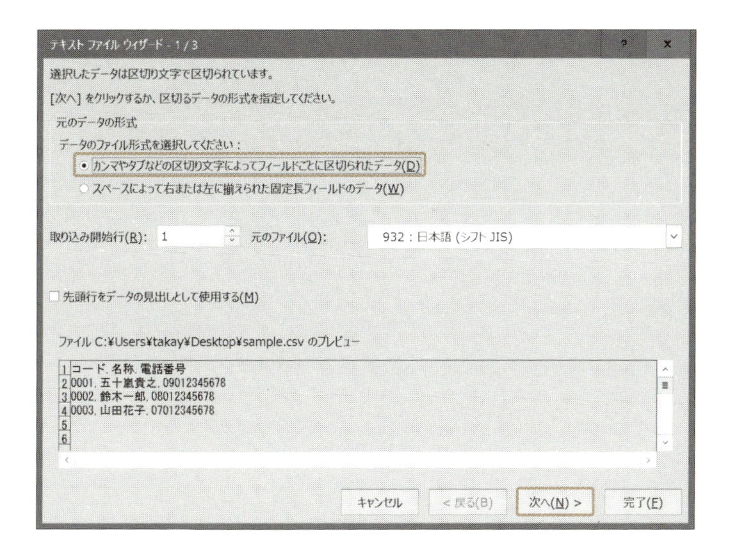

❹「区切り文字」に＜カンマ＞を指定して、＜次へ＞をクリックします。

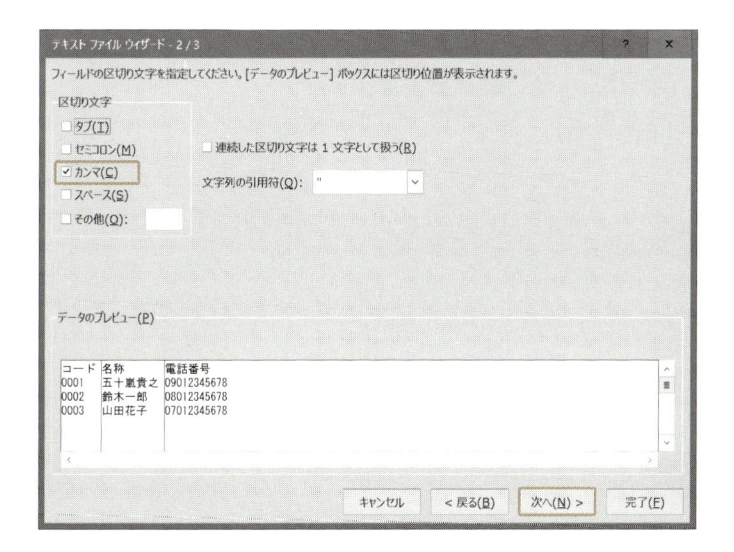

❺先頭の0が消去されては困るフィールドをクリックして、「列のデータ形式」を<文字列>に指定し（ここでは、「コード」と「電話番号」の2つ）、<完了>をクリックします。

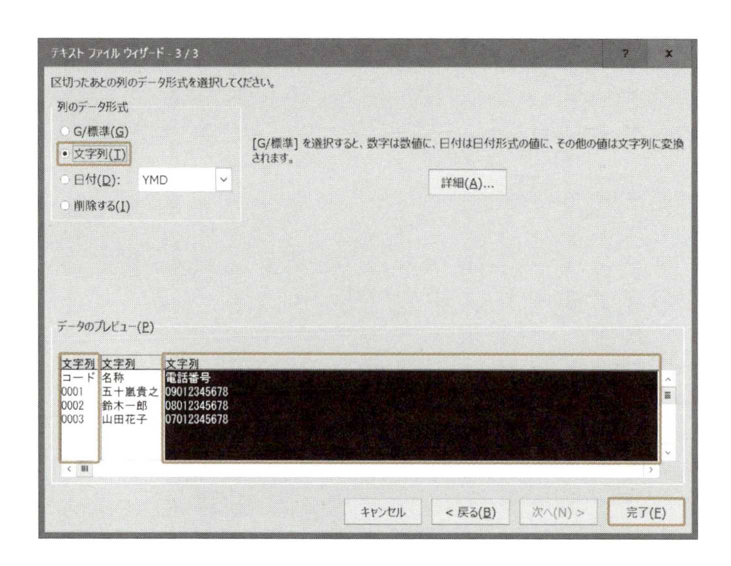

❻CSVデータを表示する位置を指定します。とくに問題なければ、A1セルのまま< OK >をクリックします。

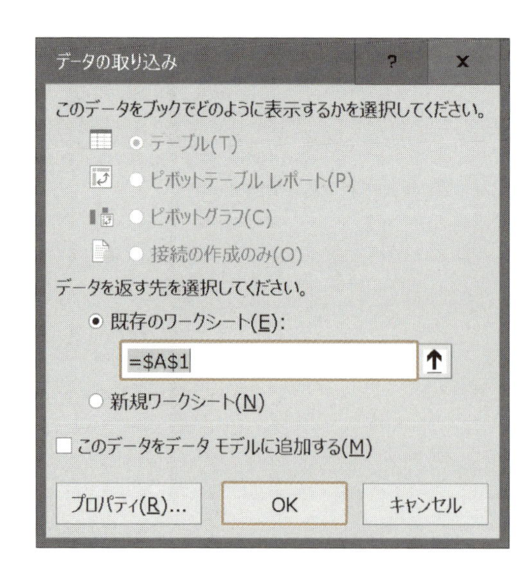

❼これで先頭の「0」が消去されずにCSVファイルをExcelで開くことができました。

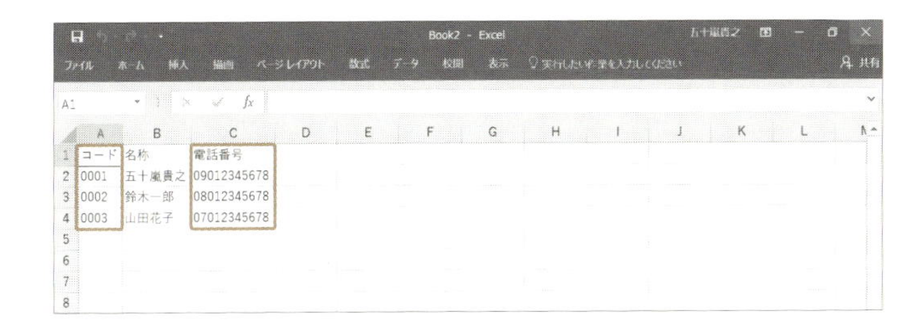

Excelファイルを CSV 形式で保存

CSVファイルは、Excelでの保存時に作成することができます。Excelファイルを CSV 形式で保存する方法は、次のとおりです。

❶Excelを起動してファイルを開き、＜ファイル＞タブ→＜名前を付けて保存＞→（保存場所）の順にクリックします。表示されたダイアログボックスの「ファイルの種類」から＜CSV（コンマ区切り）(*.csv)＞を選択し、＜保存＞をクリックします。

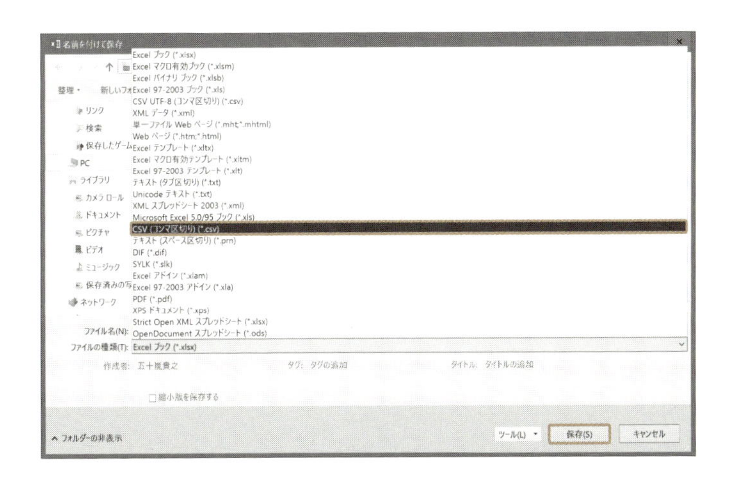

このとき、文字コードはシフトJISで保存されますが、UTF-8で保存する場合は、＜CSV UTF-8（コンマ区切り）(*.CSV)＞を選択します。

❷CSVファイルをExcelで保存する際、複数のシートが存在する場合はCSV形式が複数のシートをサポートしていない旨の確認メッセージが表示されます。＜OK＞をクリックすると、前面に表示されているシートのみがCSV形式で保存されます。

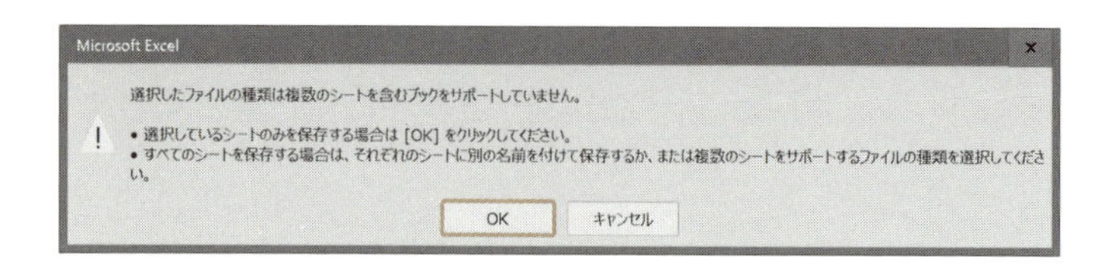

複数のExcelファイルを一気にCSVファイルに変換

筆者も業務で複数のExcelファイルを一気にCSVファイルに変換しなければならない機会があり、その際に、これを自動化するWindows用のツールを開発しました。著者のWebサイトからダウンロードすることができます。

・フリープログラミング団体いかちソフトウェア　Excel一括CSV
http://www.ikachi.org/software/exceltocsv.html

上記URLを表示したら、当該ページにて「ソフトウェアダウンロード」をクリックします。ツールはZIP形式で圧縮されていますので、任意のフォルダに展開してください。

使い方は、ツールを起動してCSVファイルに変換したいExcelファイルをまとめてツール上にドラッグ&ドロップするだけです。すると、Excelファイルと同一フォルダに「_csvfiles」というフォルダを作成し、その中に

[ファイル名]_[シート名].csv

というファイル名でCSVファイルを一気に作成します。

■Excel一括CSVの画面

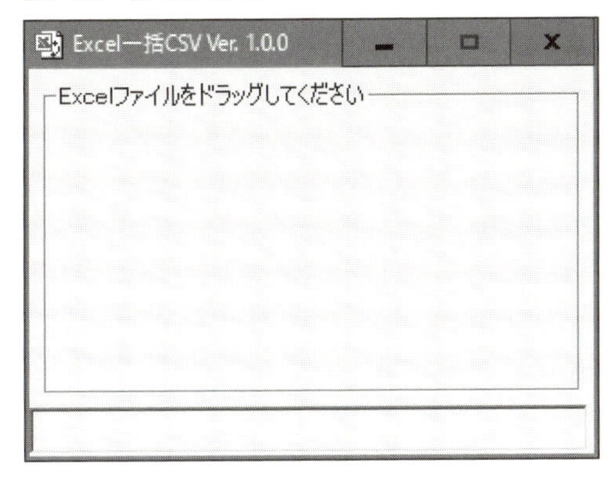

Excelファイルの数が多いほど、またシートの数が多いほど、便利なツールです。ご利用いただければ幸いです。

- 別のシステムへのデータ移行作業が発生することがある
- データ移行の手段として多いのがCSVファイルによる出力と取り込み
- CSVファイルをExcelで開く場合は「外部データの取り込み」から行う

Section 07

データベースのセキュリティ①～セキュリティに対する脅威

個人情報を扱うデータベースは、データ漏洩やデータ改ざんといった危険性に注意を払う必要があります。ここからは、悪意を持った者がデータに不正アクセスするために用いる攻撃方法とその対処方法を解説します。

セキュリティに対する脅威

データベースのセキュリティに対する脅威には、大きく分けて3つあります。

物理的脅威

コンピューター本体や外付けハードディスク、USBメモリなどの物理的媒体の盗難が該当します。物理的脅威への対策としては、コンピューター本体をワイヤーで固定したり、媒体を金庫に保管したりするなどの手段があります。

技術的脅威

オペレーティングシステムやアプリケーションの脆弱性を突くことで個人情報を盗み出したり、ウイルスに感染させられたりする事態がこれに該当します。悪意を持った者（クラッカー：Cracker）によるサイバー攻撃がこれに該当します。

人為的脅威

内部の人間による、故意・過失によってデータが漏洩することなどが人為的脅威です。安易なパスワード設定によってクラッカーに侵入された場合も、この人為的脅威に分類します。

とくに常日頃から注意したいのが、人為的脅威です。人為的脅威の中には、クラッカーが人間の心理的な隙を突くことで機密情報を盗み出す手法があります。これを、「ソーシャルエンジニアリング」(Social Engineering) と言います。

ソーシャルエンジニアリングには、次のようなものがあります。

・パスワードを入力している様子を肩口から覗き見る
・警察や銀行員を名乗り、キャッシュカードのパスワードを聞き出す
・他人のモニターに貼付されているIDとパスワードを記憶する

他にも、パスワードを不正に入手する手段として「フィッシング」(Phishing) があります。たとえば、Webメールのログインページに類似したWebページを作成し、そのWebページに入力されたIDからパスワードからコピー元のWebメールのIDとパスワードを不正取得する手法があります。また、安易なパスワード設定から不正入手する方法として、既知のIDを固定してそのIDの所有者の誕生日等の個人情報から考えうるパスワードを想定し、手当たり次第に試す、といった手法もあります。

データベース技術者にとって重要なのは、データベースに格納されている機密情報の安全性を確保することです。上述の脅威によって、データが漏洩したり、データが改ざんされたりしてしまう危険性に注意を払う必要があります。過失によるデータ漏洩によって企業が社会的信頼を失い、倒産する可能性もあります。データベース技術者は、常に高いセキュリティ意識を持ち続けなくてはならないのです。

まとめ

- **データベースセキュリティの脅威は大きく分けて3つある**
- **物理的脅威はコンピューター本体やUSBメモリの盗難など**
- **技術的脅威はクラッカーによるサイバー攻撃など**
- **人為的脅威は内部の人間による漏洩など**

Section

08 データベースのセキュリティ②〜マルウェア

マルウェア（Malware）とは、コンピューターに被害を及ぼすソフトウェアの総称で、コンピューターウイルスもマルウェアに含まれます。ここでは、マルウェアの種類と対策について解説します。

マルウェアの種類

一般的なマルウェアには、次のようなものがあります。

コンピューターウイルス

独立行政法人情報処理推進機構（IPA）が定めたコンピューターウイルスの定義では、自己伝染機能、潜伏機能、発病機能のいずれかをもつソフトウェアをウイルスと定義しています。そのため、コンピューターウイルスは後述するワームやトロイの木馬とは区別されます。ただ、一般的にはコンピューターに被害を及ぼすプログラムはすべてコンピューターウイルスとして認識されている場合があります。

ワーム

インターネット等を経由して拡散する性質をもったマルウェアです。ワーム自体は独立したプログラムであり、宿主となるファイルを必要としない点で、狭義のコンピューターウイルスとは区別されます。

キーロガー

コンピューターのバックグラウンドで稼働し続け、キーボードから入力されたキー操作を記録するマルウェアです。感染すると、記録したキー操作よりパスワードが漏洩する等の危険性があります。

トロイの木馬

ギリシア神話のトロイア戦争に使用されたトロイの木馬になぞらえて付け

られた名前で、その名の由来のとおり、利用者にとって有益なプログラムの機能と抱き合わせで付随するマルウェアです。コンピューターを破壊したり、コンピューターの情報を外部に漏洩させたりするなどの特徴があります。

ランサムウェア

ランサムウェアは、身代金要求型マルウェアと呼ばれており、コンピューター上のファイルを勝手に暗号化し、その暗号化を解除するかわりに金銭を要求します。

コラム ランサムウェアの脅威

ちょうどこの書籍を執筆している最中、旧バージョンのWindows OSを標的にしたランサムウェア「WannaCry」が、たった1日で世界約100か国に猛威を振るい、日本でも多数の感染事例が報告されました。凄まじい感染力で、インターネットに接続していただけで感染してしまう可能性があります。今までのマルウェアの場合、メールの添付ファイルを開いたりWebページを閲覧したりすることで感染しましたが、このランサムウェアの場合、こちらから何らかのアクションを起こさずとも感染してしまいます。

このランサムウェアによる感染を防ぐには、Windows Updateによって常にOSを最新の状態にしておく必要があります。ウイルス対策も同様で、常に最新のウイルス対策ソフトをインストールしておくのと同時に、常にOSを最新の状態を保ち続ける必要があります。

■「WannaCry」による感染例

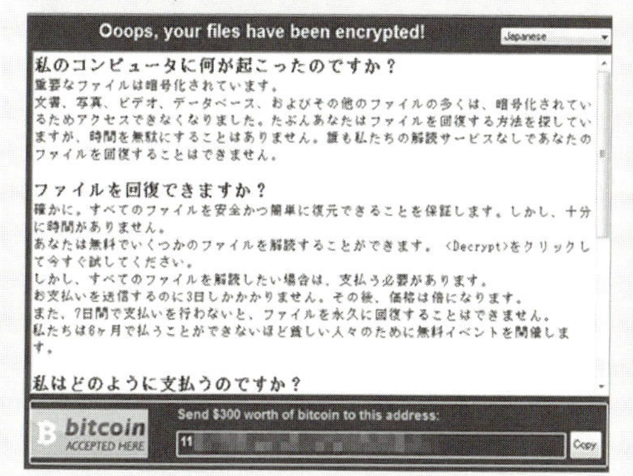

マルウェア対策〜怪しいファイルは開かない

マルウェアの感染経路として、ファイルを開くことで不正なプログラムが実行され、感染するケースがあります。たとえば、メールに添付されているファイルを開いたり、Webサイトからダウンロードしたファイルを開いたりして感染することがあります。

疑わしいファイルの判断基準として有用な手段として、ファイルの拡張子を見ることです。Windows 10で拡張子が表示されていない場合、エクスプローラーで＜表示＞タブをクリックし、＜ファイル名拡張子＞のチェックをオンにすることで表示されます。マルウェアとして疑わしいファイルの拡張子の例としては、次のようなものが挙げられます。

・EXEファイル（アプリケーションファイル）
・VBSファイル（VBScriptファイル）
・JSファイル（JavaScriptファイル）
・BATファイル（コマンドバッチファイル）

これらの拡張子のファイルがメールに添付されていた場合、開かないほうが無難です。たとえ信頼できる人からのメールであったとしても、その人自身がウイルスに感染したために、知らずのうちに自動送信されたマルウェアの可能性もあります。

また、Microsoft Officeのマクロ機能を利用したマルウェアも数多く存在します。信頼できる入手元でなければ、マクロは実行しないほうが無難です。

他にも、Webサイトを閲覧中にうっかり不正なスクリプトを実行したためにマルウェアに感染するケースもあります。

業務に使うコンピューターでWebサイトを閲覧する際は、常にマルウェア感染の危機意識を念頭に置くべきでしょう。**業務で使うコンピューターで「怪しい」Webサイトは見ない**。これがいちばんです。

マルウェア対策〜サポート切れOSは絶対に使わない

サポートが終了したOSは、セキュリティ更新プログラム等の重要なサービスが提供されないため、OSの脆弱性を狙ったマルウェアの攻撃を防ぐことができません。OSの脆弱性を狙ったマルウェアは、ウイルス対策ソフトをインストールしていれば防げるものではありません。

コンピューターは以下の2つを厳守することで、セキュリティ対策が為されている状態であると言えます。

・サポート対象のOSを利用し、常に最新の更新プログラムを適用する
・ウイルス対策ソフトをインストールし、常に最新のセキュリティパッチを充てる

Windowsの場合、「メインストリームサポート」と「延長サポート」の2種類のサポートがあります。「メインストリートサポート」では、セキュリティ更新プログラムや新たな機能の追加などの幅広いサポートが提供されるのに対し、「延長サポート」では、主にセキュリティ更新プログラムが提供されるのみとなります。

本書執筆時点でWindows 7はメインストリームサポートを終了しており、延長サポートは2020年1月14日に終了します。Windows 8.1も2018年1月9日にはメインストリームサポートが終了しました。

また、メーラーやWebブラウザなどのインターネット接続が発生するアプリケーションについても、サポート切れのものは使わないようにしましょう。メーラーやブラウザは、マルウェアの感染経路となる可能性がある非常に重要なアプリです。サポートが切れてしまえば、セキュリティに係わる重大なバグがあったとしても放置されることになります。直近では、Windows Liveメールのサポートが2017年1月10日を持って終了となりました。

Windowsの自動アップデートに注意

Windows OSを最新の状態に保つWindows Updateに関し、1つ注意があります。Windows Updateにはコンピューターの再起動が必要となる場合がありますが、その際、勝手にコンピューターが再起動してしまうことがあります。勝手に実行された再起動によって1時間以上もコンピューターが使えない状態となり、業務が完全に中断してしまった実例もあります。筆者が勤めている会社でも、昼休み明けにコンピューターがまったく使えない状態になっていたとのクレームが、1日に何回も入ったことがあります（もちろん、

弊社ではどうにもできませんとお答えするしかありませんでしたが…)。

「Anniversary Update」以降を適用したWindows 10であれば、以下のようにしてコンピューターが勝手に再起動しない時間帯を設定することができます。

❶スタートメニューをクリックし、＜設定＞（歯車のアイコン）→＜更新とセキュリティ＞をクリックします。

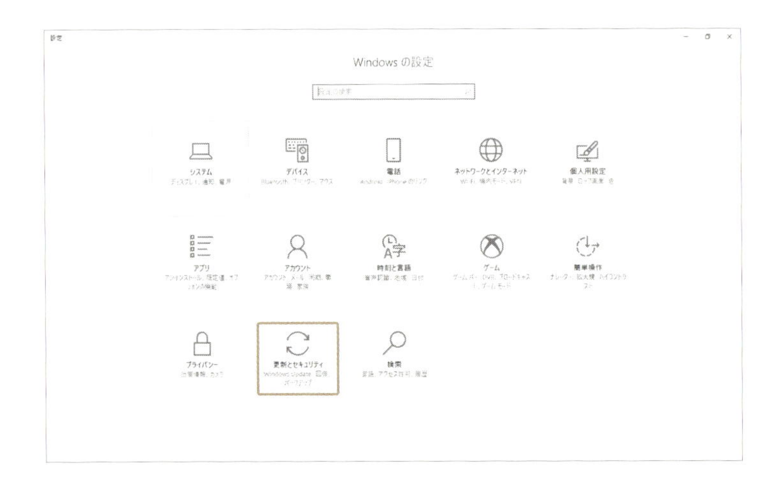

❷「Windows Update」の＜アクティブ時間を変更します＞をクリックします。

❸業務時間の開始と終了を設定し、＜保存＞をクリックします。

コラム データベースシステムのアップデートの注意点

データベースシステムにもセキュリティホールが存在する場合があります。最新の更新ファイルを適用することで防げればよいのですが、データベースシステムをメジャーバージョンアップしなければ防げないセキュリティホールであった場合、要注意です。

メジャーバージョンアップとは、たとえばMicrosoft SQL Serverの場合、「SQL Server 2012」から「SQL Server 2016」へのバージョンアップ、MySQLであれば「4.xx」から「5.xx」へのバージョンアップなど、バージョンを示す大分類（メジャー番号）が変更となることを言います。

このメジャーバージョンアップが少々厄介で、バージョンアップしたことによって旧バージョンとの一部の機能に互換性がなくなる場合があり、今まで動作していたデータベースアプリケーションが動作しなくなることもあります。

データベースシステムのメジャーバージョンアップは、テスト環境でアプリケーションが正常に動作することを確認してから行うようにしましょう。

まとめ

- コンピューターに被害を及ぼすソフトウェアのことをマルウェアと言う
- マルウェアにはワームやトロイの木馬など様々な種類がある
- マルウェア感染を防ぐ一番の方法は「怪しいファイルを開かないこと」

Section

09 データベースのセキュリティ③ ～ハードウェアとパスワード

データベースサーバーが盗難にあった場合、ログインパスワードを設定していれば安心かもしれませんが、必ずしもそうだとは言い切れません。意外にもかんたんにデータが盗み取られてしまうことがあります。

データベースサーバーが盗まれた場合の対策

データベースサーバーが盗難にあった場合について考えてみましょう。盗難者がデータベースサーバーのログインパスワードを知らなかったとしても、

①クラッキングツールを使ってログインパスワードを解析する
②データベースサーバーからハードディスクを抜き出して外付けハードディスクとして認識させる
③ネットワーク環境と接続して共有フォルダに存在するファイルをあさる

など、さまざまな方法を試みるでしょう。

推測されにくいパスワードを設定する

まず、①についてですが、これに関しては推測されにくいパスワードを設定するしかありません。誰もがかんたんに思いつくパスワードは、すぐに破られてしまいます。

アメリカのSplashData社は、一年ごとに最も危険なパスワードを調査し、公開しています。これによれば、「123456」と「password」は毎年必ずランクインされており、そのほかにも「qwerty」「login」などのパスワードも上位に入っています。これらのパスワードを使用すると乗っ取られてしまう危険性が高いことを同社は警告しています。

SplashData社によれば、不正アクセスから身を守るためには次の3つを厳守したパスワードの利用を勧告しています。

・複数の文字を混在させた8文字以上のパスワードを使用する
・複数のWebサイトで同じユーザー名とパスワードの組み合わせを使用しない
・パスワード管理アプリを使用して、パスワードの整理と保護、ランダムパスワードの生成、Webサイトへの自動ログインを行うようにする

これらのことに気を付けて、パスワードを管理しましょう。

データファイルのフォルダのセキュリティ設定に気を付ける

次に、②についてデータベース技術者が最も気にかけておかなければならないのが、データベースシステムのデータファイルが格納されているフォルダのセキュリティです。

たとえば、データベースのバックアップファイルが何のセキュリティ対策もなくハードディスクに保存されていた場合、データベースサーバーの盗難と同時に機密データも漏洩することになります。

それ以外には、データベースシステムが利用するデータファイルからデータを復元されてしまうこともあり得ます。SQL Serverを例にすると、SQL ServerのインストールパスのDataフォルダ内にあるmdbファイルをリストアすることで、データベースを別コンピューターに復元することができます。

これを防ぐには、データが格納されているフォルダを**暗号化**するのがよいでしょう。Windows OSの場合（Home Editionを除く）、「EFS」というファイルの暗号化機能があります。この暗号化機能は、Windowsユーザー認証と融合しているのが特徴で、暗号化したファイルであっても通常のファイルと同様に扱うことができます。そのため、SQL Serverは暗号化したデータベースファイルを、暗号化をかけたユーザー権限においてのみ、読み書きすることができます。この暗号化は結構強力で、ハードディスクを取り出されて中のファイルを読み取ろうとしても、暗号化したユーザーのパスワードが判らなければ復号化できません。

共有フォルダに気を付ける

最後の③について、データベースサーバーをファイルサーバーとして利用している場合もあるかと思います。しかし、本来であればデータベースサーバーとファイルサーバーは別々に設け、ファイルサーバーはNAS（ネット

ワーク接続ハードディスク）を用いるのがよいでしょう。もし、盗まれたデータベースサーバーの共有フォルダにデータベース接続情報を記載したファイルがあった場合、データベースサーバーのセキュリティ対策はまったく意味がありません。

また、データベースサーバーを利用するアプリケーションファイルが共有フォルダにある場合、そのアプリケーションファイルからデータベースサーバーにログインする際のパスワードを抜き取られる可能性もあります。後述しますが、.NET Frameworkで稼働するアプリケーションの場合、アプリケーションファイルからソースコードに変換することが可能なので、ソースコードにパスワードが固定で記入されている場合はもちろん、パスワード生成ロジックに至るまで、すべて盗み見ることができます。

バックアップファイルの暗号化

データベースのバックアップファイルを暗号化せずにそのまま外付けハードディスクなどに保存している場合、それらが盗難にあった時点でデータが漏洩してしまうことを意味します。

さまざまな業務アプリケーションには、業務終了後にデータをバックアップする機能が付いています。今度はデータベースアプリケーションを開発する立場から、このバックアップ機能をよりセキュアにする方法について考えてみましょう。

データベースをバックアップする際、そのバックアップファイルを暗号化する機能がデータベースシステムに備わっていない場合、バックアップファイルの暗号化はデータベースアプリケーション側で実装します。その暗号化の手法としては、ZIP形式によるパスワード付き圧縮をお勧めします。パスワード付きで圧縮されたファイルは、正しいパスワードを入力しない限り復号化できません。圧縮時に複雑なパスワードを指定することで、バックアップファイルの安全性が保たれます。

パスワード付きZIP圧縮については、Windowsの機能としては標準装備されていません。そのため、パスワード付きZIP圧縮が可能なツールをコンピューターにインストールする必要があります。

筆者が使用している圧縮ツールは、Schezo氏作の「Lhaplus」という高機能圧縮ツールです（http://www7a.biglobe.ne.jp/~schezo/）。Lhaplusは、外部 DLL 不要の圧縮展開ソフトで、多数のアーカイブ形式への対応が特徴です。インストールを行えば、エクスプローラーからファイルを右クリックして、＜圧縮＞→＜.zip（pass）＞の順にクリックすることで、パスワード付きのZIP圧縮が行えます。

■バックアップファイルをパスワード付きでZIP圧縮

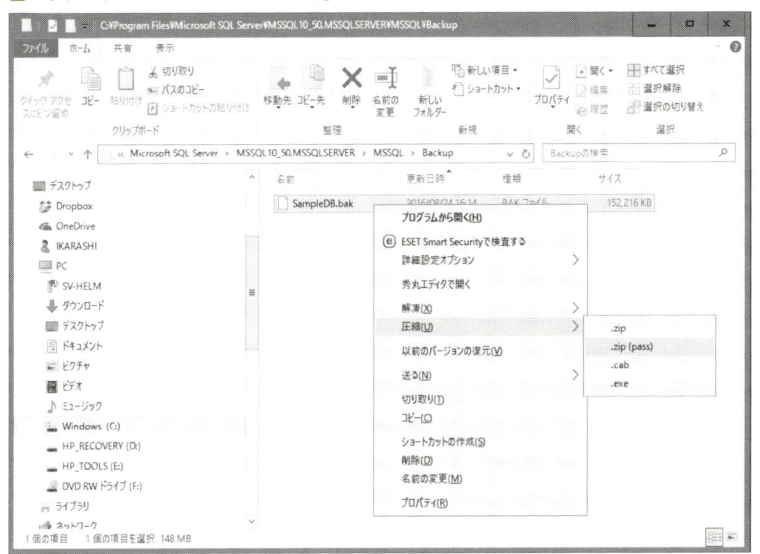

■Lhaplusの対応形式

展開（デコード）対応形式	7z、Ace、arc、arj、b64（base64）、bh、bz2、cab、gz、lzh、lzs、mim（MIME）、rar、tar、taz、tbz、tgz、uue、xxe、z、zip（jar）、zoo、exe（SFX）
圧縮（エンコード）対応形式	b64（base64）、bh、bz、cab、gz、lzh、tar、tbz、tgz、zip（jar）、uue、xxe、exe（lzh SFX、zip SFX）

まとめ

- **データベースサーバーには推測されにくいログインパスワードを設ける**
- **共有フォルダにはセキュリティに関する重要なファイルを置かない**
- **バックアップファイルはパスワード付きZIP圧縮などで暗号化する**

Section

10 コンピューターのトラブル対応

システム管理者も兼ねたデータベース技術者の業務として、社内で管理するコンピューターのトラブル対応があります。本節では、トラブル対応の手順について、とくにデータベースに関連するものを重点的に説明します。

コンピューターのトラブル対応

コンピューターのトラブル対応において、とくにユーザーからの報告として多いのが、「コンピューターが起動しない」という障害の報告です。

しかし、本当にコンピューターは起動していないのでしょうか？ とくに電話応対の場合、ユーザーのITスキルレベルによっては非常に苦労することがあります。

電話応対の場合は現状を把握する

「コンピューターが起動しない」という連絡が入ったら、「コンピューターはどのような状態になっているか」を確認しましょう。筆者の経験上、ITスキルの低いユーザーの言う「コンピューター」や「パソコン」とは、実はふだん使用しているシステムのことを指す場合があります。コンピューター本体は起動しているのに、システムが起動できずにエラーを発しているだけで、「コンピューターが起動しない」と報告してくるのです。ユーザーからのトラブル報告は、とりあえずそのユーザーの環境がいつもと違う状態になっていることを認識するだけでよいかもしれません。後はユーザーの言葉を鵜呑みにせず、自分で現状を確認するのがよいでしょう。電話応対の場合であれば、コンピューターがどのような状態になっているのか、こちらから質問してみましょう。

まず、コンピューターの電源ボタンを押してもモニターが真っ暗なままで何も映っていないのであれば、コンピューターの電源ランプが入っているかどうかを確認しましょう。筆者の経験では、コンピューターが接続されている電源タップがコンセントから抜けていただけという場合もありました。

電源ランプの確認の際、「オレンジ色に灯っている」というユーザーの回答は、実はモニターの電源ランプと勘違いしている場合もあります。「コンピューター本体の電源ランプを確認してください。画面の方ではなく、コンピューター本体です。」とていねいに言わないと、話しがうまくかみ合わなくなります。

コンピューター本体の電源が入らないようであれば、コンピューター本体の電源周りの機器も疑います。すでに述べたとおり、電源タップがコンセントから抜けていた事例もあります。また、モニターの電源ランプも確認してください。モニターの電源ランプは灯っているでしょうか。灯っていなければ、モニターの電源がコンセントから抜けている可能性があります。電源ランプが灯っているのにモニターが映らないようであれば、モニターケーブルが抜けている可能性があります。これらの確認のために、以下の2点を確認しましょう。

・コンピューター側のモニターケーブルがしっかり刺さっているか
・モニター側のモニターケーブルがしっかり刺さっているか

ケーブルの抜き差しやコンピューターの再起動で直ることが多い

実は、ユーザーからのトラブルのなかで、次の2つの対応だけで直るケースが意外に多いのです。

・関連機器の電源の入り切りとケーブルの抜き差し
・コンピューターの再起動

「ネットワークにつながらない」という連絡をもらったら、コンピューターやハブの電源を切ってLANケーブルの抜き差しを行ってもらうだけで、たいていは直ります。「キーボードやマウスが動かない」といった連絡も、それらのUSBケーブルの抜き差しで直ることが多いです。

コンピューターの再起動も非常に有効な手段です。何らかの原因でOSが不安定になってしまったり、周辺機器のドライバが正常に読み込めなくなったりする場合がありますが、それらはコンピューターの再起動によって改善されることがあります。

イベントログの確認

　ケーブルの抜き差しやコンピューターの再起動で直らない場合、コンピューターの状態を詳しく調べる必要があります。Windowsの場合、コンピューターの状態を確認するには、「イベントビューアー」を使用します（P.36参照）。イベントビューアーには、「いつパソコンを起動し、いつシャットダウンしたのか」「正常なシャットダウンではなく、何らかの理由により強制的にコンピューターの電源が落ちた日時」など、Windowsパソコン上で起きたさまざまなイベントが時系列で記録されています。

■イベントビューアーでトラブルの原因を確認

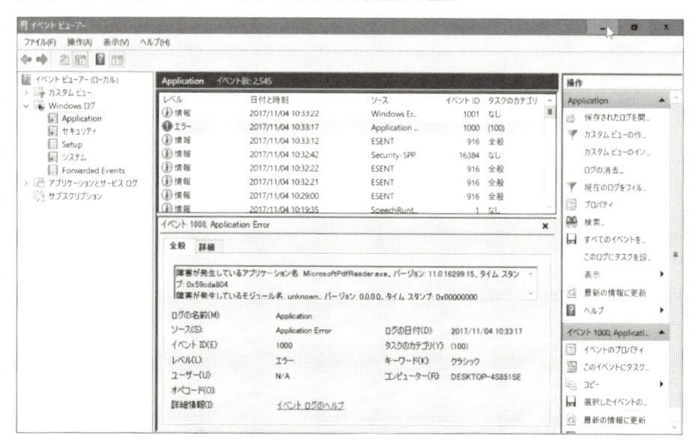

　イベントビューアーを確認することにより、トラブルの原因を発見できるかもしれません。まずは、

- トラブル報告のあった時間の前に前兆となるイベントはないか？
- コンピューターに「重大」や「エラー」に分類されたイベントはないか？ある場合は、それらのイベントは何を示しているか？

を確認します。とくに重要なのが、「ソース」項目が「disk」となっているイベントです。このイベントの発生は、ハードディスクにディスク障害が発生している可能性を示します。放置しておくと、ハードディスクからデータが読み取れなくなる可能性があり、データベースサーバーとしては致命的な障害です。もし、「disk」に関するイベントが何等かの不具合を示している場合、早急にデータベースサーバー本体の移行を考慮すべきです。

Windows OSの起動について

Windows OSにおいて、急な停電等の理由により前回の終了処理が正常に行われなかった場合、次回起動時に「スタートアップ修復」という機能が実行される可能性があります。このスタートアップ修復は、Windowsの起動を阻害する何らかの不具合を自動的に修復する機能です。それなりに時間のかかる処理のため、トラブル報告をされたユーザーより「すぐにでもコンピューターを使いたいのに（スタートアップ修復は）まだ終わらないのか？」とのクレームを受ける場合もありますが、スタートアップ修復が実行されている間はコンピューターの電源を切ったりしないように伝えておく必要があるでしょう。

また、Windows OSが正常に起動しない場合に有効な手段として、Windowsをセーフモード（SafeMode）で起動する方法があります。セーフモードとは、Windows OSを起動するために必要な最低限のドライバやシステムしか読み込まずにWindowsを起動するものです。

通常のWindowsの起動はうまくいかないものの、セーフモードでは起動できる場合、たとえばプリンタドライバの読み込みによる不具合やウイルス対策ソフトによる不具合が考えられます。セーフモードで起動した場合も前述のイベントビューアーを使用できますので、Windows OSの起動を妨げる原因をイベントビューアーから調査してみてください。

筆者の経験では、あるウイルス対策ソフトの最新パッチが適用された直後、Windows OSが通常モードで起動できなくなったことがあります。セーフモードで起動したイベントビューアーでウイルス対策ソフトが原因であることを突き止め、そのウイルス対策ソフトをアンインストールすることでようやくWindows OSを起動できるようになったことがありました。そのときは仕事が忙しくて土曜日の休日出勤時だったのですが、朝一からコンピューターが起動しないうえ、原因調査に半日かかってしまい、貴重な時間を失ってしまったという苦い経験があります。

まとめ

- トラブル対応でもっとも大事なことは「正確に状況を把握すること」
- ケーブルの抜き差しやコンピューターの再起動で改善される場合も多い
- イベントログを確認することでトラブル発生の原因がわかる場合もある

Section 11

ネットワークのトラブル対応

ネットワークに関するトラブルは、データベース技術者が対処する範疇ではないかもしれませんが、ユーザーからのトラブル対応が可能な程度のネットワーク知識を持ち合わせておくと安心です。

ネットワークのトラブル対応

データベースサーバーが利用できないなど、ネットワークがらみの報告を受けた場合、まずは、データベースサーバーにLAN経由でアクセスできるかどうか確認しましょう（P.42のPING監視参照）。続いて、データベースサーバーが稼働しているかどうかを確認します。データベースサーバーが稼働していても、データベースシステムが利用するサービスが停止しているかもしれません。

サービスの状況はタスクマネージャーで確認することができます。Windows 10であれば、スタートメニューを右クリックして、＜タスクマネージャー＞をクリックするとタスクマネージャーが簡易表示で起動するので、＜詳細＞をクリックして＜サービス＞をクリックします。

■サービスはタスクマネージャーで確認可能

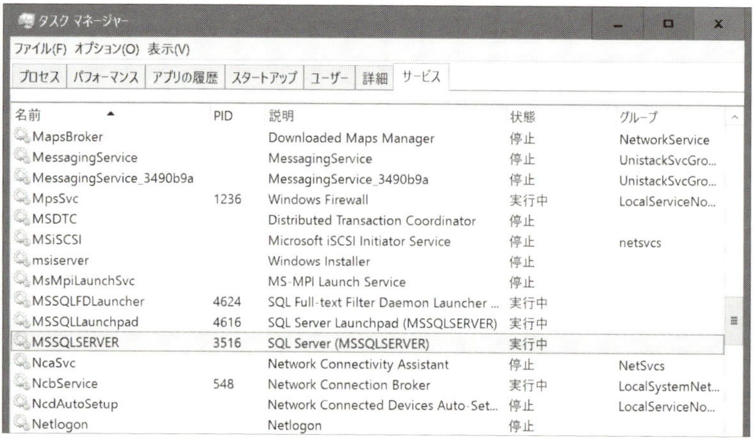

タスク マネージャー

ファイル(F) オプション(O) 表示(V)

プロセス | パフォーマンス | アプリの履歴 | スタートアップ | ユーザー | 詳細 | サービス

名前	PID	説明	状態	グループ
MapsBroker		Downloaded Maps Manager	停止	NetworkService
MessagingService		MessagingService	停止	UnistackSvcGro...
MessagingService_3490b9a		MessagingService_3490b9a	停止	UnistackSvcGro...
MpsSvc	1236	Windows Firewall	実行中	LocalServiceNo...
MSDTC		Distributed Transaction Coordinator	停止	
MSiSCSI		Microsoft iSCSI Initiator Service	停止	netsvcs
msiserver		Windows Installer	停止	
MsMpiLaunchSvc		MS-MPI Launch Service	停止	
MSSQLFDLauncher	4624	SQL Full-text Filter Daemon Launcher ...	実行中	
MSSQLLaunchpad	4616	SQL Server Launchpad (MSSQLSERVER)	実行中	
MSSQLSERVER	3516	SQL Server (MSSQLSERVER)	実行中	
NcaSvc		Network Connectivity Assistant	停止	NetSvcs
NcbService	548	Network Connection Broker	実行中	LocalSystemNet...
NcdAutoSetup		Network Connected Devices Auto-Set...	停止	LocalServiceNo...
Netlogon		Netlogon	停止	

トラブル発生の範囲を調査する

ネットワークトラブルの対処のポイントとしては、トラブル発生の範囲を調査することで不具合が発生した端末を見極めます。まずは、トラブルが発生している端末が1台のみかそれとも複数台かを確認します。複数台の端末があるがトラブルが発生している端末が1台のみの場合、当該端末に問題があるか、その端末が使用している周辺機器に問題があります。複数台の端末でトラブルが発生している場合、共通で使用しているハブやルーター、もしくはデータベースサーバー自体に問題があります。

不具合が発生していると思われる端末の電源の入り切り、およびLANケーブルの抜き差しを行います。端末のLANケーブルを抜き差しする場合、端末の電源を切った状態で行います。ハブやルーターによっては、電源のスイッチがない場合がありますが、その場合はACアダプタの電源ケーブルを抜くことで電源を切ることができます。

ただし、ハブやルーターはユーザーの確認を取ってから電源の入り切りを行います。そうしないと、障害が発生しているコンピューターが1台だけにも関わらず、他のコンピューターまで一時的にネットワークに接続できない状況が発生してしまうためです。また、LANケーブルを同一ハブの別の差し込み口に差し直すことで現象が改善される場合もあります。

ネットワークの接続状況を確認する

内部ネットワーク（LAN）への接続ができないのか、それとも外部ネットワークへの接続ができないのか、あるいはその両方に接続できないのかを調査することも重要です。

①内部ネットワークのみ接続できない場合

社内システムや共有フォルダが参照できないが、Yahoo!は見られる

②外部ネットワークのみ接続できない場合

社内システムや共有フォルダが参照できるが、Yahoo!は見られない

③内部ネットワークも外部ネットワークも接続できない場合

社内システムや共有フォルダが参照できないうえ、Yahoo!も見られない

①の場合は、ほとんどありません。この場合、対象端末のネットワーク設定が「パブリックネットワーク」になっています。ネットワーク設定が「パブリックネットワーク」になる原因として、ルーターを交換後にそのルーターを新たなネットワーク接続として端末が認識した際、端末の設定を手動で「パブリックネットワーク」にした場合が考えられます。

②の場合は、ルーター、もしくはハブとルーターをつなぐLANケーブルのいずれかに問題がある可能性があります。

③の場合は、対象のパソコン、ハブ、ルーター、それらをつなぐLANケーブルのいずれかに問題がある可能性があります。

②や③の場合、不具合が発生していると思われる端末の電源の入り切り、およびLANケーブルの抜き差しを行います。

トラブルが発生した時期を確認する

いつからネットワークトラブルが発生したのかを調査することも重要です。ネットワークトラブルが発生しても業務に支障がない場合（たとえば、Yahoo!は見られなくてもデータベースアプリケーションは起動できる）、ユーザーからはすぐに連絡が入らない場合があります。トラブルが発生し始めた時期を知ることで、原因究明に役立つヒントが得られる場合もあります。

周辺機器の動作を確認する

周辺機器の故障が疑わしい場合、周辺機器のランプを確認します。ハブやルーターのランプがふだんとは違った点灯になっている場合、該当機器の故障が考えられます。多くの機器は、トラフィックの状態を黄緑色のランプの点灯で表現していますが、機器が故障している場合、赤色のランプが点灯していたり、もしくはランプがまったく点灯しなくなったりします。機器が故障した場合は、当然ですが該当機器を入れ替える必要があります。

また、プリンタから印刷できないというトラブル報告も、ネットワークトラブルの可能性があります。このトラブルの調査として、まずはそのプリンタがコンピューターとどのように接続されているかを確認します。おそらく、大半が次の2とおりの方法でコンピューターとプリンタを接続しているはずです。

・USBケーブル
・LANケーブル

■レーザープリンタの接続口の例

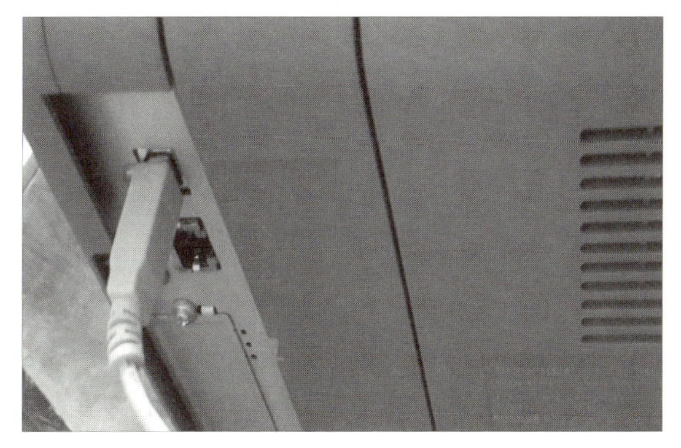

まず、USBケーブルでプリンタ接続されている場合、USBケーブルがコンピューターおよびプリンタにしっかりと接続されているかどうかを確認します。一見しっかりと接続されているようですが、ケーブルを抜き差しすることによって現象が改善する場合があります。

次にLANケーブルでプリンタ接続されている場合、前述のPINGコマンドで当該プリンタにネットワーク接続できるかどうかを確認します。PINGが通らない場合、LANケーブルがコンピューター側、もしくはプリンタ側から抜けていないかを確認します。もしコンピューター側のLANケーブルが抜けている場合、プリンタからの印刷だけでなく、外部のネットワーク接続もできないため、Yahoo!などの外部サイトへのアクセスもできなくなっているはずです。もし、LANケーブルが抜けていないように見えても、LANケーブルを抜き差しすることによって現象が改善される場合があります。その際、USBケーブルの抜き差しとは違い、機器の電源を切っておく必要があります。それでも現象が改善されない場合、その中間にあるハブに対しても同様に、電源を切った状態でのケーブルの抜き差しを試みます。

まとめ

- **ネットワークのトラブル対応でもっとも大事なのは「正確な状況把握」**
- **LANのみ接続できるのか／できないのかなどにより対応方法が変わる**
- **ケーブルの抜き差しや機器の電源入り切りで直るケースも多い**

コラム データを元に戻したい

うっかり必要なデータを削除してしまった、もしくは誤入力により間違えたデータで上書きしてしまったなど、「以前の状態にデータを戻してほしい」との連絡を受ける場合があります。そのような場合、データベースサーバーが故障した場合と同様、データベースのバックアップファイルからデータベースを復元します。

しかし、「一部のデータのみを元に戻してほしい」との連絡を受けた場合、どうすればよいでしょうか。いくらバックアップファイルがあるとはいえ、データベースごと復元してしまうと、すべてのデータがバックアップをとった時点のデータに戻ってしまいます。

そのため、1つの手段として、いったんバックアップファイルを別のデータベースに復元し、そこから必要なデータを抜き取って本番のデータベースに上書きする方法があります。

たとえば、まずは誤ったレコードが作成されたテーブルを本番環境から削除します。以下は、SQLコマンドなどの知識が必要なので、詳しくは第4章を参照してください。

```
DELETE FROM [本番データベース]..[対象テーブル];
```

次に、バックアップを復元したデータベースから、対象となるテーブルのデータを本番データベースに追加するSQLを実行します。

```
INSERT INTO [本番データベース]..[対象テーブル] SELECT * FROM [復元データベース]..[対象テーブル];
```

ただし、外部キー制約が他のテーブルに設けてある場合、外部キー制約を解除する必要があります。また、主キーとなっているフィールドが自動インクリメント列の場合、いったん自動インクリメントを停止する必要があります。

データベースの種類によっては、データベースを作成する際のダンプファイルを利用したり、トランザクションログファイルを利用したりするといった方法もあります。

第3章

リレーショナル型データベースの基本を知ろう

Section

01 リレーショナル型データベースのしくみ

第1章でも説明したように、現在の主流となるデータベースは、二次元の表にデータを格納するリレーショナル型データベースです。まずは、リレーショナル型データベースのしくみについて解説します。

データ型とは

P.20でも解説したように、リレーショナル型データベースでは、データを二次元の表のテーブルに格納します。しかし、テーブルにはどのようなデータでも格納できるというわけではありません。テーブルを作成する際、格納できるデータの種類をフィールドごとにあらかじめ指定しておく必要があります。

たとえば、社員のデータを格納する社員テーブルに、誕生日を格納するフィールドがあったとします。誕生日のフィールドに日付以外のデータを格納できたとしても、まったく意味がありません。日付のデータのみ格納できたほうがデータの処理にミスが生じる可能性が少なくなり、扱いに便利です。

このようなデータの種類のことを、「データ型」と言います。リレーショナル型データベースの種類によって指定できるデータ型には多少の違いがありますが、基本的には次の3種類に分類することができます。

・文字列型

文字列のデータを取り扱うことができます。代表的なデータ型として、

CHAR型 ……… 固定長文字列を保存する
VARCHAR型 … 可変長文字列を保存する

があります。固定長文字列とは、たとえば「CHAR(10)」と定義されているフィールドは10文字分の文字列が入ることを意味します。ここに「ikarashi」という文字列を代入しようとした場合、10文字に達しない3文字分は空白が

代入され、「ikarashi　」という値でデータベースに保存されます。

可変長文字列の場合、保存する文字列の長さは可変ですので、代入した値がそのままデータベースに保存されます（「ikarashi」を代入した場合は、そのまま「ikarashi」で保存される）。

・数値型

数値のデータを取り扱うことができます。代表的なデータ型として、

INT（INTEGER）型…-2147483648から+2147483647までの整数を保存する

があります。

・日付型

日付けのデータを取り扱うことができます。代表的なデータ型として、

DATE型…………日付要素を保存する
DATETIME型 …日付時刻要素を保存する

があります。DATE型とDATETIME型の違いは、DATETIME型が時刻要素まで保存されるのに対し、DATE型は時刻要素を持たないことです。2つの日付を比較する場合に、うっかりDATETIME型で比較すると、思わぬ結果になることがあります。詳しくは、付録（P.274参照）をご覧ください。

NULLとは

データ型に限らず、フィールドにデータがまったく入力されていないという状態がテーブル上に存在します。これを、NULL（ヌル、もしくはナルと読みます）と言います。少しややこしいのですが、たとえば文字列型のフィールドに空の文字列が入っているという状態ではありません。なぜならば、空の文字列というデータが入っているからです。そうでななく、完全にデータが何も入っていない状態がNULLです。

データベースシステムでは、フィールドごとにNULLが存在することを許可するかどうかを設定することができます。社員テーブルを例にすると、社

員コードがNULLという状態は許可せず、社員名がNULLという状態は許可するという設定が可能です。また、NULLという状態を許可しない設定のことを**NOT NULL制約**と言います。

■データ型とNULL

社員テーブル

社員コード	社員名	血液型	誕生日	部門コード
101	伊藤英樹	A	1972/2/1	10
102	山本大貴	AB	1974/9/9	20
103	(NULL)	B	1976/5/21	10
104	小林谷男	O	1978/12/4	30
105		A	1980/7/14	30

データがまったく入力されていない状態の「NULL」

空の文字列が入力されているので「NULL」ではない

文字列型　日付型　数値型

主キーとは

リレーショナル型データベースの特徴は、その名のとおり、あるテーブルのレコードを他のテーブルのレコードと関連付けできるところにあります。

あるテーブルのレコードと他のテーブルのレコードを関連付けするには、テーブルの中でそのレコードを唯一の存在にするためのフィールドと関連付けする必要があります。そうでないと、関連付けする側のテーブルのレコードを、1件に絞り込むことができないからです。たとえば、次の図をご覧ください。

■テーブルの関連付けの例

社員テーブル

社員コード	社員名	血液型	誕生日	部門コード
101	伊藤英樹	A	1972/02/01	10
102	山本大貴	AB	1974/09/09	20
103	中村千華	B	1976/05/21	10
104	小林谷男	O	1978/12/04	30
105	斎藤美桜	A	1980/07/14	30

部門テーブル

部門コード	部門名
10	総務部
20	営業部
30	開発部

社員テーブルの「部門コード」と部門テーブルの「部門コード」が関連付けられている

この図は、社員テーブルと部門テーブルを表しています。社員テーブルには、各社員が所属する部門の部門コードが格納されています。「山本大貴」さんは「部門コード」が「20」なので、部門テーブルの「部門コード」が「20」

の行を探すと「営業部」に所属していることがわかります。

このような、テーブルのレコードを1件に絞り込むためのカギとなるフィールドのことを、**「主キー」**または**「プライマリーキー」**(Primary Key)と言います。左下の図の例でいえば、部門テーブルの「部門コード」が主キーです。

主キーが設定されているフィールドには、重複するデータを格納することはできません。なぜなら、たとえば部門テーブルの開発部の「部門コード」が「20」に設定されていたら、所属が営業部か開発部かわからなくなってしまうからです。また、主キーは1つのテーブルに1つしか設定できず、主キーに設定したフィールドにはNULLを格納できません。こういった制約をまとめて**主キー制約**と言います。

外部キーとは

左下の図では、社員テーブルの「部門コード」には、それぞれの社員が所属する部門の部門コードが格納されています。つまり、社員テーブルの部門コードは、部門テーブルと関連付けするためのカギであるといえます。

このように、他のテーブルと関連付けするためのカギとなるフィールドを、**「外部キー」**(Foreign Key)と言います。

外部キーとして設定できるフィールドは、参照される側のテーブルの主キーのみです。社員テーブルと部門テーブルの例でいえば、社員テーブルの外部キーとして設定できるフィールドは、参照される側の部門テーブルの主キーである「部門コード」のみとなります。

■主キーと外部キー

社員テーブル

社員コード	社員名	血液型	誕生日	部門コード
101	伊藤英樹	A	1972/02/01	10
102	山本大貴	AB	1974/09/09	20
103	中村千華	B	1976/05/21	10
104	小林谷男	O	1978/12/04	30
105	斎藤美桜	A	1980/07/14	30

外部キー

部門テーブル

部門コード	部門名
10	総務部
20	営業部
30	開発部

主キー

また、外部キーに設定したフィールドには、参照される側のテーブルに存在するデータしか登録できません。そのため、他のテーブルで外部キーとして使用されているデータは、削除すること不可能です（これを外部キー制約と言います）。つまり、社員テーブルと部門テーブルの場合、社員テーブルの「部門コード」には部門テーブルに存在しない値を格納することはできませんし、社員テーブルの「部門コード」で使用されている部門を、部門テーブルから削除することはできません。

複数のフィールドを組み合わせた主キー

主キーは1つのテーブルに1つしか設定できませんが、複数のフィールドを指定して1つの主キーとすることができます。たとえば、次のように郵便番号を上3桁のフィールドと下3桁のフィールドに分けて格納するテーブルがあるとします。

郵便番号は、上3桁だけでは重複しますし、下4桁だけでも重複します。しかし、上3桁と下4桁を合わせた7桁で見た場合、テーブルの中で唯一の存在となることができます。このような場合は、上3桁と下4桁の2つを1つの主キーとして設定します。

■複数のフィールドを指定して主キーにすることも可能

郵便番号辞書テーブル

〒1	〒2	住所1	住所2	カタカナ
940	1105	新潟県長岡市	摂田屋	セッタヤ
940	1104	新潟県長岡市	摂田屋町	セッタヤマチ
940	2473	新潟県長岡市	芹川町	セリカワマチ
940	0082	新潟県長岡市	千歳	センザイ
940	2108	新潟県長岡市	千秋	センシュウ

〒1と〒2を組み合わせて主キーとすることでテーブルの中で唯一の存在となる

ユニークキーとは

主キーでなくても、フィールドに重複したデータを格納できないようにすることができます。重複したデータを格納できないように設定したフィールドのことを、「ユニークキー」（Unique Key）と言います。もちろん、主キーもフィールドに重複したデータを格納できませんので、主キーであると言うことはユニークキーでもあります。ただし、ユニークキーだからといって主キーだとは限りません。

ちょっとややこしいですが、かんたんな例を挙げると、「人」は「ほ乳類」ですが「ほ乳類」は「人」ではありません。「ネコ」や「イヌ」も「ほ乳類」だからです。「人」を主キーに、「ほ乳類」をユニークキーに置き換えてみると、わかりやすくなるのではないでしょうか。

主キーは、1つのテーブルに1つしか設定することができませんが、ユニークキーは、1つのテーブルに複数設定することができます。また、主キーに設定したフィールドにはNULLを格納できませんが、主キーではないユニークキーに設定したフィールドにはNULLを格納することができます。

ユニークキーの例を見てみましょう。次の図は、ある会社の顧客テーブルを表しています。

■ユニークキーの設定例

顧客テーブル

顧客コード	顧客名	会員番号	誕生日	住所
101	顧客A	(NULL)	1979/10/25	東京都
102	顧客B	10001	1980/12/24	神奈川県
103	顧客C	(NULL)	1981/11/23	千葉県
104	顧客D	10002	1982/5/16	大阪府
105	顧客E	(NULL)	1982/7/29	新潟県

ユニークキー

この会社の顧客には、一般顧客と会員顧客がおり、会員顧客は会員番号で管理されています。顧客データを管理する顧客テーブルでは、会員顧客の場合、「会員番号」フィールドには重複しない数値が格納されます。一般顧客の場合、「会員番号」フィールドにはNULLが格納されています。

このような場合、フィールドに重複したデータを格納できないようにするには、会員番号フィールドを主キーではなく、ユニークキーに設定するのが適切だと言えます。

まとめ

- **テーブルに格納するデータの種類のことをデータ型と言う**
- **各表の関連付け（リレーション）は主キーと外部キーによって行う**
- **主キーのフィールドには他とは違う唯一（ユニーク）な値が格納される**

Section

02 関係代数と集合演算

リレーショナル型データベースは、関係代数の理論をもとに考案されたデータモデルです。関係代数は、集合演算と関係演算の2つによって構成されています。まずは、集合演算について説明します。

集合演算の種類

リレーショナル型データベースでは、集合論の概念を用いてデータを表現します。複数のテーブルを関連付けすることによってデータが構築されるので、データ操作の際には集合演算を用いてデータを必要な形に整形する必要があります。

集合演算にはいくつかの種類がありますが、本書では、**「和集合演算」**(Union)、**「差集合演算」**(Difference)、**「積集合演算」**(Intersection)、**「直積演算」**(Cartesian Product)の4つを説明します。

和集合演算

和集合演算は、2つのテーブルのデータを合わせた結果を返します。たとえば、次のような得意先テーブルと仕入先テーブルがあります。

得意先テーブル

コード	名称
0001	取引先A
0002	取引先B
0003	取引先C
0004	取引先D

仕入先テーブル

コード	名称
0001	取引先A
0003	取引先C
0005	取引先E

この2つのテーブルを和集合演算すると、次のようになります。

得意先テーブル

コード	名称
0001	取引先A
0002	取引先B
0003	取引先C
0004	取引先D

仕入先テーブル

コード	名称
0001	取引先A
0003	取引先C
0005	取引先E

和集合

得意先テーブルと仕入先テーブルの和集合

コード	名称
0001	取引先A
0002	取引先B
0003	取引先C
0004	取引先D
0005	取引先E

和集合演算した結果では、得意先テーブルと仕入先テーブルのデータがすべて表示されています。また、得意先テーブルと仕入先テーブルの両方に存在する「取引先A」と「取引先C」は、1件ずつ表示されています。

和集合演算をさらに直感的に理解するために、和集合演算を**ベン図**で表現してみましょう。ベン図とは、集合が表すデータの範囲や、複数の集合の関係を図式化したものです。ベン図で得意先テーブルと仕入先テーブルの和集合演算を表すと、次のようになります。

■得意先テーブルと仕入先テーブルの和集合演算

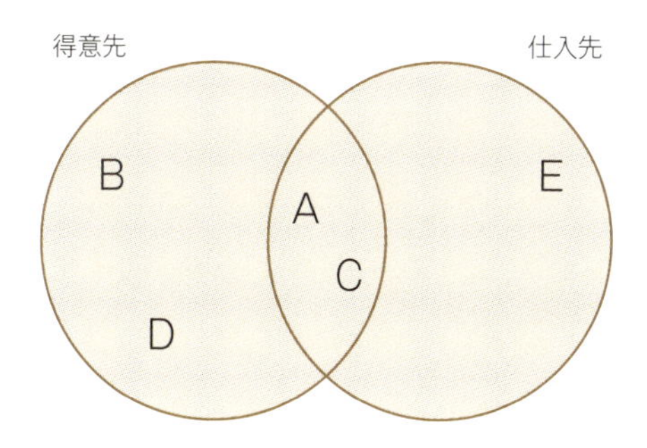

数学では、和集合演算を「∪」の記号を用いて表し、たとえばAとBの和集合は「A∪B」のように表現します。

差集合演算

差集合演算は、1つのテーブルのデータから別のテーブルにも含まれるデータを差し引いた結果を返します。たとえば、得意先テーブルから仕入先テーブルを引いた差集合を求めると、次のようになります。

得意先テーブル

コード	名称
0001	取引先A
0002	取引先B
0003	取引先C
0004	取引先D

仕入先テーブル

コード	名称
0001	取引先A
0003	取引先C
0005	取引先E

差集合

得意先テーブルから仕入先テーブルを引いた差集合

コード	名称
0002	取引先B
0004	取引先D

得意先テーブルをベースに、仕入先テーブルにも存在する「取引先A」と「取引先C」を削除した結果が表示されています。差集合演算をベン図で表すと、次のようになります。

■得意先テーブルと仕入先テーブルの差集合演算

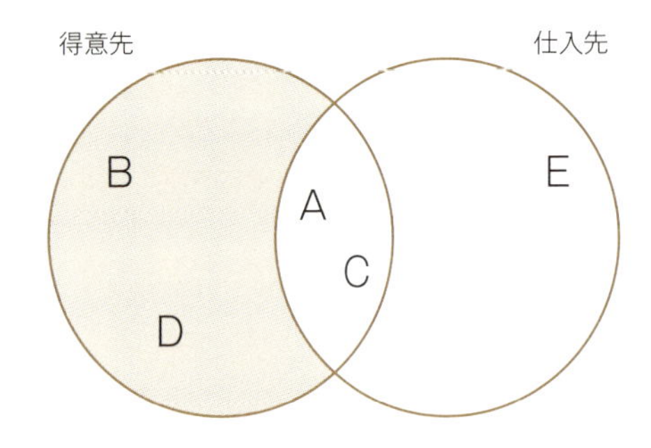

数学では、差集合演算を「－」の記号を用いて表し、たとえばAからBを引いた差集合演算は「A－B」と表します。また、和集合演算の場合、「A∪B」と「B∪A」の結果は等しくなりますが、差集合演算の場合、「A－B」と「B－A」の結果は異なります。

積集合演算

積集合演算は、あるテーブルと別のテーブルとで共通するデータを返します。たとえば、得意先テーブルと仕入先テーブルの積集合演算の結果は、次のようになります。

得意先テーブル

コード	名称
0001	取引先A
0002	取引先B
0003	取引先C
0004	取引先D

仕入先テーブル

コード	名称
0001	取引先A
0003	取引先C
0005	取引先E

積集合 →

得意先テーブルと仕入先テーブルの積集合

コード	名称
0001	取引先A
0003	取引先C

得意先テーブルと仕入先テーブルの両方に存在する「取引先A」と「取引先C」が表示されています。積集合演算をベン図で表すと、次のようになります。

■得意先テーブルと仕入先テーブルの積集合演算

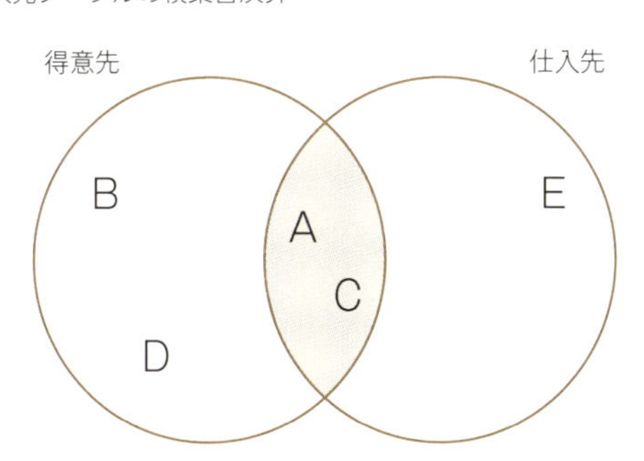

数学では、積集合演算を「∩」の記号を用いて表し、AとBの積集合演算は「A∩B」と表します。AとBの順番を入れ替え、「B∩A」としても、結果は同じです。

直積演算について

直積演算は、あるテーブルのレコードと別のテーブルのレコードを1対1で結合したパターンをすべて網羅した結果を返します。たとえば、次のようなテーブルがあります。

トナーテーブル

コード	名称
1001	トナーA
1002	トナーB
1003	トナーC

トナータイプテーブル

コード	名称
01	純正品
02	ノーブランド
03	リサイクル

この2つのテーブルを直積演算した結果は、次のようになります。

■得意先テーブルと仕入先テーブルの直積演算

コード	名称	コード	名称
1001	トナーA	01	純正品
1001	トナーA	02	ノーブランド
1001	トナーA	03	リサイクル
1002	トナーB	01	純正品
1002	トナーB	02	ノーブランド
1002	トナーB	03	リサイクル
1003	トナーC	01	純正品
1003	トナーC	02	ノーブランド
1003	トナーC	03	リサイクル

トナーテーブルのフィールド　トナータイプテーブルのフィールド

今まで見てきた和集合演算、差集合演算、積集合演算の場合、フィールド数が増えることはありませんでした。しかし、直積演算の場合、フィールドの数は2つのテーブルのフィールド数を合算した値になります。また、レコード数は2つのテーブルのレコード数をかけ算した値になります。

この例でいえば、トナーテーブルもトナータイプテーブルも、フィールド数が2つずつ、レコード数が3つずつでしたので、直積演算の結果、フィールド数は2＋2＝4、レコード数は3×3＝9となります。

数学では、直積演算を「×」を用いて表し、たとえばAとBの直積演算は「A×B」と表します。AとBの順番を入れ替え、「B×A」としても結果は同じです。

- **集合演算の演算方法には和集合、差集合、積集合、直積などがある**
- **集合はベン図を用いることで視覚的に理解することができる**

Section

03 関係代数と関係演算

関係演算は、リレーショナル型データベースのために作成された演算です。条件に合わせたレコードを取得したり、指定したフィールドを取得したり、複数のテーブルから1つのテーブルを作成したりすることができます。

関係演算の種類

関係演算のうち、本書では、「選択演算」(Selection)、「射影演算」(Projection)、「結合演算」(Join) の3つの関係演算を説明します。

選択演算

選択演算とは、指定した条件に合致するレコードのみを取得するための演算です。たとえば、次のような成績テーブルがあります。

成績テーブル

生徒名	国語の点数	数学の点数	理科の点数	社会の点数	英語の点数
生徒A	93	98	54	62	89
生徒B	39	60	73	24	98
生徒C	74	87	93	75	46
生徒D	7	35	19	94	32
生徒E	68	24	60	72	88

この成績テーブルから、「国語の点数が40点未満の生徒」を取得してみましょう。その結果がこちらです。

選択演算結果

生徒名	国語の点数	数学の点数	理科の点数	社会の点数	英語の点数
生徒B	39	60	73	24	98
生徒D	7	35	19	94	32

成績テーブルに存在する5件のレコードから、条件に合致する2件のレコードに絞り込まれました。選択演算として指定できる条件には、ある値と等しいか等しくないか、大きいか小さいかなどさまざまです。また、指定できる条件は1つではありません。たとえば、「国語の点数が40点未満の生徒」もしくは「数学の点数が40点未満の生徒」(「国語の点数が40点未満の生徒」と「数学の点数が40点未満の生徒」の和集合演算)のように、2つ以上の条件を組み合わせて指定することも可能です。

射影演算

射影演算とは、指定したフィールドのみを取得するための演算です。選択演算はレコードを絞り込むためのものでしたが、射影演算はフィールドを絞り込むためのものです。たとえば、成績テーブルより「生徒名」と「国語の点数」と「数学の点数」のフィールドのみを抽出してみましょう。その結果がこちらです。

射影演算結果

生徒名	国語の点数	数学の点数
生徒A	93	98
生徒B	39	60
生徒C	74	87
生徒D	7	35
生徒E	68	24

成績テーブルに存在する6つのフィールドから、指定した3つのフィールドだけが取得されました。関係演算は、違った種類の演算を組み合わせて使用することができるので、選択演算と射影演算を組み合わせて「国語の点数が40点未満の生徒」もしくは「数学の点数が40点未満の生徒」の「生徒名」と「国語の点数」と「数学の点数」を取得するといったことも可能です。

結合演算

結合演算は、2つ以上のテーブルにて、特定のフィールドで同じ値を持つレコードどうしを一緒に取得するための演算です。

P.78に掲載した、社員テーブルと部門テーブルの例をご覧ください。社員テーブルと部門テーブルは、社員テーブルの部門コードと部門テーブルの部門コードにて同じ値を持つレコードをいっしょに取得することができます。

その結果が、こちらです。

■社員テーブルと部門テーブルの等結合結果

社員コード	社員名	血液型	誕生日	部門コード	部門コード	部門名
101	伊藤英樹	A	1972/02/01	10	10	総務部
102	山本大貴	AB	1974/09/09	20	20	営業部
103	中村千華	B	1976/05/21	10	10	総務部
104	小林谷男	O	1978/12/04	30	30	開発部
105	斎藤美桜	A	1980/07/14	30	30	開発部

社員テーブルのフィールド　　部門テーブルのフィールド

この例のように、別テーブルのレコードを1対1で結び付けることを、「等結合」と言います。

外部結合演算とは

もう1つ、結合演算の例を見てみましょう。下図のような役職テーブルを作り、社員テーブルに「役職コード」のフィールドを設けました。

役職テーブル

役職コード	役職名
01	部長
02	次長
03	課長
04	係長
05	主任

社員テーブル

社員コード	社員名	血液型	誕生日	部門コード	役職コード
101	伊藤英樹	A	1972/2/1	10	01
102	山本大貴	AB	1974/9/9	20	03
103	中村千華	B	1976/5/21	10	04
104	小林谷男	O	1978/12/4	30	(NULL)
105	斎藤美桜	A	1980/7/14	30	(NULL)

役職についていない社員は、社員テーブルの役職フィールドがNULLになっています。社員テーブルと役職テーブルをいっしょに取得する際、社員テーブルの役職コードと役職テーブルの役職コードを等結合すると、役職についていない社員を取得することができません。役職テーブルには役職コードがNULLのレコードが存在しないためです。

そのため、役職についているかついていないかに関わらず、社員テーブルはすべてのレコードを取得し、かつ役職についている社員は役職テーブルと結合するといった演算方法が必要になってきます。これを、外部結合演算と言います。

社員テーブルと役職テーブルにて、社員テーブルをもとに役職テーブルと外部結合演算した結果は、次のようになります。

■社員テーブルと役職テーブルの外部結合結果

社員コード	社員名	血液型	誕生日	部門コード	役職コード	役職コード	役職名
101	伊藤英樹	A	1972/2/1	10	01	01	部長
102	山本大貴	AB	1974/9/9	20	03	03	課長
103	中村千華	B	1976/5/21	10	04	04	係長
104	小林谷男	O	1978/12/4	30	(NULL)	(NULL)	(NULL)
105	斎藤美桜	A	1980/7/14	30	(NULL)	(NULL)	(NULL)

社員テーブルのフィールド　　役職テーブルのフィールド

役職についているかいないかに関わらず、社員テーブルのすべてのレコードが取得されました。役職についていない社員の役職コードと役職名は、NULLで取得されます。

外部結合については、第4章でも再度解説します（P.128参照）。

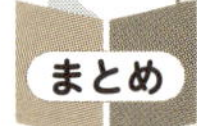

- 関係演算はリレーショナル型データベースのために作成された演算
- 関係演算により行や列を絞り込んだり他のテーブルと結合したりできる
- 関係演算には選択演算、射影演算、結合演算などがある

Section

04 インデックスとビュー

ここでは、大量のデータをよりすばやく処理するためのインデックスという機能や、複数テーブルのデータを扱いやすくするためのビューという機能について解説します。

インデックスとは

辞書を使って調べものをするとき、先頭のページから1ページずつ探していったのではあまりにも効率が悪すぎます。そのため、辞書には「索引」（インデックス：Index）が設けられており、索引を利用することですばやく目的のページを探し出すことができます。

データベースの場合も同様に、レコード件数の多いテーブルにインデックスを設定することで、目的のデータをすばやく取得できるようになります。インデックスはテーブルとは別に管理されているため、テーブルを作成したあとにインデックスを追加したり削除したりすることが可能です。

インデックスを設定することでデータベースが遅くなる場合も

ところで、インデックスを設定することでデータの検索が高速になるのであれば、すべてのテーブルにインデックスを設定すればよいのでしょうか？実は、そういうわけではありません。たとえば、レコードが頻繁に追加されたり削除されたりするテーブルの場合、インデックスを設定したことによって、レコードの追加や削除にかかる時間がインデックスを設定する前よりも遅くなってしまいます。なぜならば、レコードが追加されたり削除されたりするたびに、その都度インデックスを書き直さなければならないからです。

また、レコード数が少ないテーブルにインデックスを設定した場合も逆効果となります。見るところが少ない、薄っぺらなパンフレットに索引がついていても、紛らわしいだけでしょう。それと同じです。

■インデックスの有無の違い

インデックスがない場合

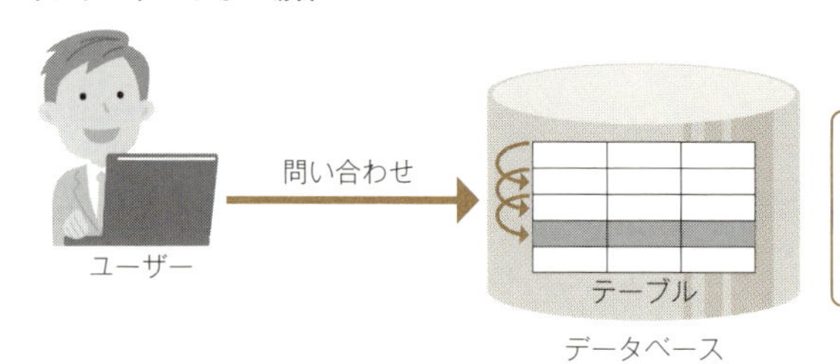

レコードを上から順に検索するのでレコード件数が多いと必要なデータを探し出すのに時間がかかる

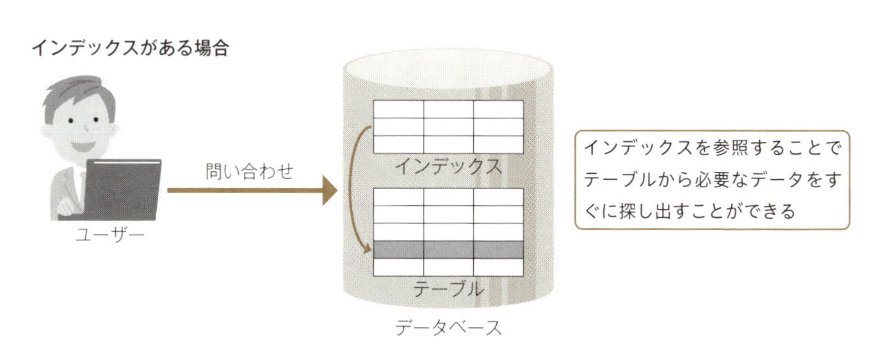

ビューとは

ビュー（View）とは、1つもしくは複数のテーブルから任意のデータを取得しやすくするために作成された、仮想的なテーブルのことです。ビューを使えば、複数のテーブルにまたがっているデータであっても、あたかも1つのテーブルであるかのようにデータを取得することができます。

ビューの例を見てみましょう。P.78とP.89で使用した、社員テーブルと部門テーブルと役職テーブルをご覧ください。この3つのテーブルから、どの部門にどの社員が所属し、どのような役職についているかを表す所属部門リストを作ります。所属部門リストに必要なフィールドは、次のとおりです。

- 社員テーブルの「社員コード」フィールド
- 社員テーブルの「社員名」フィールド
- 部門テーブルの「部門名」フィールド
- 役職テーブルの「役職名」フィールド

この所属部門リストを作成するためには、部門テーブルと社員テーブルと役職テーブルの3つを同時に参照しなければなりません。この例のように、参照するテーブルが3つ程度ならまだしも、多数のテーブルにまたがって必要なデータが分散している場合、それらのデータを必要とするたびに、すべてのテーブルを参照するのは少々面倒です。

そこで、ビューの登場となります。所属部門リストに必要なすべてのフィールドを保持したビューがあれば、複数のテーブルにまたがって参照しなくても、1つのビューを参照するだけで目的とするデータを取得できます。

■作成されたビュー

社員コード	社員名	部門名	役職名
101	伊藤英樹	総務部	部長
102	山本大貴	営業部	課長
103	中村千華	総務部	係長
104	小林谷男	開発部	(NULL)
105	斎藤美桜	開発部	(NULL)

社員テーブルのフィールド　部門テーブルのフィールド　役職テーブルのフィールド

また、ビューを構成するのはテーブルだけとは限らず、別のビューを用いることもできます。たとえば、所属部門リストビューを用いて、新たなビューを構成するといったこともできます。

まとめ

- **インデックスはデータを検索するための索引のこと**
- **ビューを使うと複数のテーブルを1つのテーブルのように参照できる**
- **複数のビューを参照するビューを作成することも可能**

Section

05 正規化と正規形

リレーショナル型データベースでは、どのような設計手法によってデータベースにデータを格納すればよいでしょうか。リレーショナル型データベースのデータベース設計の基本となる「正規化」について説明します。

正規化とは

「正規化」とは、データベース設計手法の1つで、関連するデータ項目ごとにテーブルとして独立させる作業のことを言います。

正規化の目的は、データの一貫性を保つことです。たとえば、あるデータを修正することになった場合、そのデータが複数のレコードにまたがって存在していたら、それらすべてのデータを修正しなければデータの一貫性を保つことができません。同じデータであれば、修正は1ヶ所だけで済ませたいものです。

具体的な例を見てみましょう。正規化を行わなかった場合と正規化を行った場合を比較し、データの修正がどれほど大変になってしまうのかを比較してみることにします。

以下は、社員データが格納されているテーブルです。

旧社員テーブル

社員コード	社員名	血液型	誕生日	部門名
101	伊藤英樹	A	1972/02/01	総務部
102	山本大貴	AB	1974/09/09	営業部
103	中村千華	B	1976/05/21	総務部
104	小林谷男	O	1978/12/04	開発部
105	斎藤美桜	A	1980/07/14	開発部

このテーブルは、正確には第一正規形と言います。詳しくは後述します。このテーブルを旧社員テーブルとしましょう。P.78で説明した社員テーブルや部門テーブルと見比べてみてください。

ここで、部門名の「総務部」が「総務人事部」に変更になったとしましょう。

P.78の社員テーブルと部門テーブルの例では、以下のように部門テーブルにて部門コード「10」の部門名を「総務部」から「総務人事部」に変えるだけで済みます。

社員テーブル

社員コード	社員名	血液型	誕生日	部門コード
101	伊藤英樹	A	1972/02/01	10
102	山本大貴	AB	1974/09/09	20
103	中村千華	B	1976/05/21	10
104	小林谷男	O	1978/12/04	30
105	斎藤美桜	A	1980/07/14	30

部門テーブル

部門コード	部門名
10	総務人事部
20	営業部
30	開発部

しかし、旧社員テーブルでは、社員コード「101」と「103」の2ヶ所の部門名を「総務部」から「総務人事部」に変更する必要があります。つまり、総務部に所属している社員の数だけ、データを変更する必要があるのです。データの変更が一ヶ所だけで済むほうが、データを保守しやすいのは言うまでもないでしょう。

正規化は、データベース設計を行ううえでとても重要です。正規化を理解せずにいい加減なデータベース設計を行うと、あとでデータの修正が大変になってしまいます。

さて、それでは正規化の手順について見てみましょう。

第1正規形とは

以下は、ある予備校に通う生徒のリストです。

受験生リスト

生徒	高校	予備校	科目	担当講師
佐藤栄作	長丘高校	川東校	国語、英語、日本史	木村（国語）、大橋（英語）、伊集院（日本史）
鈴木一郎	長丘高校	川東校	英語、数学	ボブ（英語）、渡辺（数学）
高橋留美子	王手高校	川北校	国語、英語	木村（国語）、大橋（英語）
田中達也	光陵高校	川西校	英語、数学、理科	ボブ（英語）、渡辺（数学）、林（理科）

この表では、「科目」と「担当講師」の列に複数のデータが登録されています。このような表を、**非正規形**と言います。リレーショナル型データベースのテーブルには、各フィールドに1つのデータしか登録することができないので、次のように行を分割しました。

受験生リスト（第1正規形）

生徒	高校	予備校	科目	担当講師
佐藤栄作	長丘高校	川東校	国語	木村
佐藤栄作	長丘高校	川東校	英語	大橋
佐藤栄作	長丘高校	川東校	日本史	伊集院
鈴木一郎	長丘高校	川東校	英語	ボブ
鈴木一郎	長丘高校	川東校	数学	渡辺
高橋留美子	王手高校	川北校	国語	木村
高橋留美子	王手高校	川北校	英語	大橋
田中達也	光陵高校	川西校	英語	ボブ
田中達也	光陵高校	川西校	数学	渡辺
田中達也	光陵高校	川西校	理科	林

「科目」と「担当講師」の列には、それぞれ1つしかデータが存在しない状態になりました。この作業を**第1正規化**と呼び、各フィールドに1つしかデータがない状態になったテーブルを**第1正規形**と言います。

第2正規形とは

第1正規化によって作られた受験生リストでは、「生徒」がわかれば「高校」と「予備校」もわかります。また、「担当講師」がわかれば「科目」もわかります。

ある項目がわかれば自動的に他の項目もわかるのであれば、同一のテーブルで管理しないほうが効率的です。なぜなら、たとえばある生徒が別の高校に転校した場合、第1正規形の受験生リストでは、該当する生徒の行をすべて変更する必要があるからです。そこで、次のように表を2つに分割してみました。

受験生リスト

生徒	高校	予備校
佐藤栄作	長丘高校	川東校
鈴木一郎	長丘高校	川東校
高橋留美子	王手高校	川北校
田中達也	光陵高校	川西校

受験科目リスト

生徒	科目	担当講師
佐藤栄作	国語	木村
佐藤栄作	英語	大橋
佐藤栄作	日本史	伊集院
鈴木一郎	英語	ボブ
鈴木一郎	数学	渡辺
高橋留美子	国語	木村
高橋留美子	英語	大橋
田中達也	英語	ボブ
田中達也	数学	渡辺
田中達也	理科	林

新しく作成された受験生リストでは、「生徒」の列がユニークになっています（ユニークについては、P.80参照）。「生徒」がわかれば、表の中で行を1つに絞り込むことができる状態になっているということです。また、受験科目リストでは、「生徒」と「科目」の2つの列でユニークになっています。

このように、ユニークキーによって表を分割する作業を**第2正規化**と呼び、ユニークキーによって分割されている表を**第2正規形**と言います。

第3正規形とは

第2正規化によって作られた受験生リストを見ると、「高校」がわかると「予備校」もわかります。そのため、「予備校」は「生徒」から推移的にわかります。

そこで、第2正規形の受験生リストを次のように2つに分割してみます。

受験生リスト

生徒	高校
佐藤栄作	長丘高校
鈴木一郎	長丘高校
高橋留美子	王手高校
田中達也	光陵高校

予備校リスト

高校	予備校
長丘高校	川東校
王手高校	川北校
光陵高校	川西校

このように、1つのデータから推移的に別のデータがわかる場合、それを別の表に分割する作業を**第3正規化**と呼び、推移的にわかるデータが存在しない表を、**第3正規形**と言います。

ここまで、非正規形から第1正規形、第2正規形、第3正規形と、手順を踏んで説明しました。データベースの正規化には、さらに「ボイス・コッド正規形」「第4正規形」「第5正規形」があります。しかし、これらはデータベースのスペシャリストを目指すときに学ぶべきものであるため、データベースの入門書である本書では触れません。

まとめ

- **正規化はリレーショナル型データベースにおけるデータベース設計の基本**
- **正規化とは関連するデータ項目ごとにテーブルとして独立させる作業のこと**
- **正規化には第1正規形、第2正規形、第3正規形などがある**

Section
06 ロックとトランザクション

データベースは、共有ファイルと違って複数の人が同時にデータにアクセスすることができます。同時に1つのデータを更新しようとした場合、データベースはどのような挙動になるのでしょうか。

データベースは矛盾を許さない

共有フォルダに置いてあるExcelファイルと違い、複数の人が同時に同一のデータにアクセスできるデータベースの場合、データに矛盾が発生したりしないのでしょうか。次の例をご覧ください。

■データベースに同時にアクセスする例

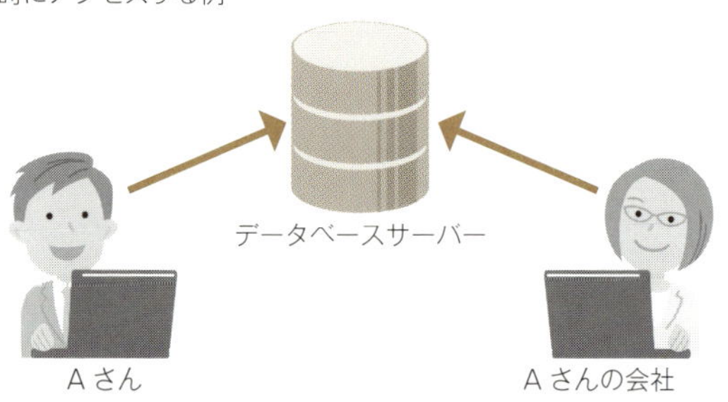

①③⑤がAさんの行動、②④⑥がAさんの勤める会社の行動です。この例では、⑤の更新内容が⑥によって上書きされ、無効になってしまうことになります。当然、こんな状態になってしまってはいけません。このような場合、実際にデータベースはどういう動きになっているのでしょうか。

ロックとは

理屈はかんたんです。同時にデータを更新するから矛盾が生じてしまうので、同時にデータを更新しなければよいのです。

つまり、Aさんが預金データを更新中の場合、他の人はそのデータを更新できないようにすればよいだけです。この制御を**ロック**（排他制御）と言います。ロックは、データベースシステムの持つ機能の1つです。ロックを解除すると、他の人はデータを更新できるようになります。

Aさんが預金をおろしている最中は、預金データはAさんによってロックされるため、Aさんの会社は振り込みができません。Aさんの預金引き出しが終わると、Aさんによるロックが解除され、振り込みが可能となります。その際、残高はAさんが50万円から3万円おろした47万円になっているので、30万円の振り込みはその47万円に対して行なわれます。つまり、77万円がAさんの残高となります。

■ロックがかかっているため他の人はデータの更新が行えないようになっている

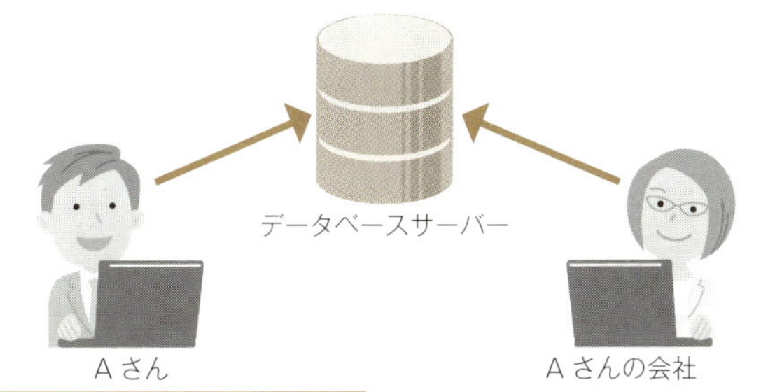

①現金引出しのため残高参照：50万円
②給与振り込みのため残高参照：50万円
③現金を3万円引き出す：47万円
④データベースを更新：47万円
ロックがかかっている
⑤現金を30万円振り込む
⑥データベースを更新：77万円

③～④の間はロックがかかっているため、⑤～⑥の操作は行えない
ロックの解除後に⑤～⑥の操作が行われる

トランザクションとは

今度は、**トランザクション**という機能について説明します。

トランザクションとは、処理の単位のことを意味します。データベースは、その処理の単位によって、データを確定したり、やり直したりできるようになっています。

具体的な例を見てみましょう。Aさんは、インターネットオークションで購入した商品の支払いのため、出品者の指定した「ダイキチ銀行」の口座に自分が預金している「チカチカ銀行」から1万円を振り込みをしようとしています。

Aさんが落札金額の1万円を「ダイキチ銀行」の指定口座に振り込みしたちょうどそのとき、「ダイキチ銀行」の預金システムが雷による停電のためにストップしてしまいました。ダイキチ銀行のデータベースに1万円の振り込みを登録する前だったので、Aさんが預金している「チカチカ銀行」の残高は振り込み金額の1万円が差し引かれたものの、振り込み先である「ダイキチ銀行」の口座には、振り込まれません。

■データベースのアクセス時に障害が起きた場合の例

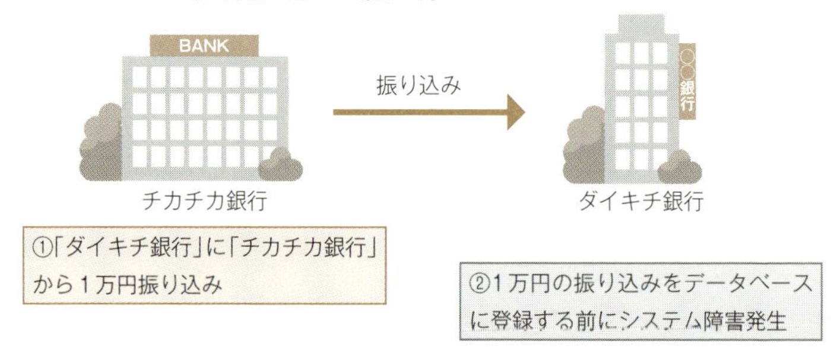

こんなことになってしまっては大変ですが、当然、そんなことにはなりません。これを防ぐしくみがトランザクションなのです。

この口座振り込みの処理を1つのトランザクションとして見てみましょう。上の図では、②の時点で指定口座の「ダイキチ銀行」のシステムがストップしました。①の処理を取り消して、口座振り込みのトランザクションを①からやり直します。これを**ロールバック**と言います。ロールバックにより、Aさんの口座に1万円が戻ってきました（P.101の図の①～②）。

それでは、今度は「ダイキチ銀行」にシステム障害が発生せず、データベースの登録も行われ、口座振り込みがうまくいった場合を考えてみましょう（右

P.101の図の①と③)。トランザクション処理の命令を出したとき、処理が正常に終了したのならトランザクションを完結する必要があります。これを**コミット**と言います。トランザクションは、コミットするまでその処理は終了されていないものだとみなされます。

■トランザクションの例

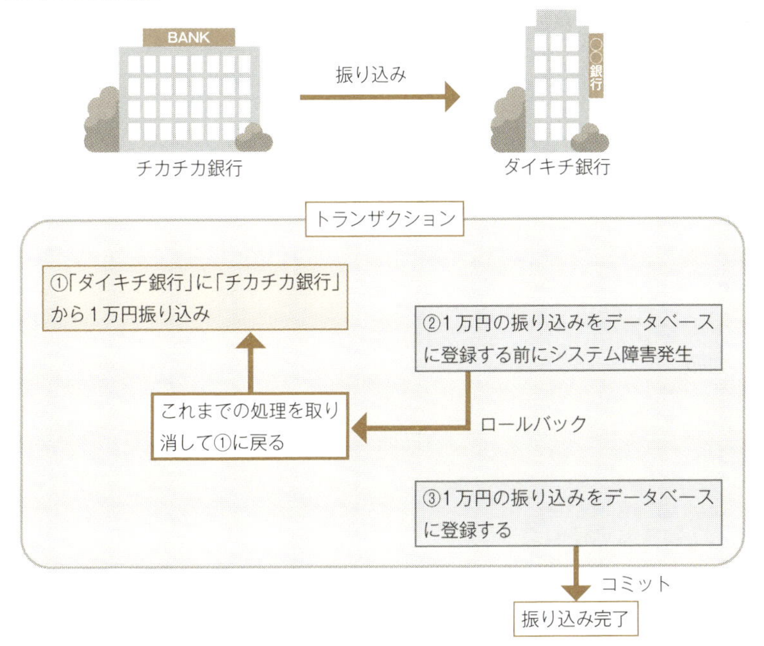

ACIDとは

トランザクション処理は、「ACID」という略語を使ってその特徴が表現されます。「ACID」は、

- Atomicity(原子性)
- Consistency(一貫性)
- Isolation(独立性)
- Durability(永続性)

の4つの英単語の頭文字を合わせたものです。それぞれ、次のとおりです。

Atomicity （原子性）	トランザクション処理中に行われたデータ操作は、すべて実行されるか、あるいはまったく実行されないことを保証する性質。先ほどの口座振り込みの例で言えば、引き落としが完了したのに振り込みは行われなかったという状態はありえない
Consistency （一貫性）	トランザクション終了後、データの整合性が保たれていることを保証する性質。トランザクション処理中に実行されたデータ操作は、データの整合性が保証できる場合にのみコミットし、データの整合性が保証できない場合はロールバックされる
Isolation （独立性）	トランザクション処理中に行われるデータ操作は、他のプロセスからのデータ操作の影響を受けないことを保証する性質。同じタイミングで同じ銀行口座に金銭を振り込んだとしても、一方の振り込み処理が他方の振り込み処理の結果を上書きすることはない
Durability （永続性）	トランザクション処理が確定（コミット）もしくは取り消し（ロールバック）した時点で、データ操作が完了したことを保証する性質。いつの間にか振り込み金額が消えていたなどということはあり得ない

デッドロックとは

データベースのロック機能により、継続するはずの処理が停止してしまう場合があります。

ある人がレコードを更新中に他の人がそのレコードを更新しようとした場合、最初の人がレコードを更新し終わるまであとの人は待ち状態に入る、いわゆるロック状態になることはすでに説明しました。

このロック機能は、データの整合性を保つうえでたいへん重要な役割を担っています。次のような例を考えてみましょう。

現在、鈴木さんがテーブルAを、佐藤さんがテーブルBを更新しています鈴木さんは、テーブルAの更新後にテーブルBを更新したいと思っています。それと同時に佐藤さんは、テーブルBの更新後にテーブルAを更新したいと思っています。

鈴木さんは、テーブルAの更新が終わったのでテーブルBを更新しようとしましたが、テーブルBは佐藤さんが更新中だったので、テーブルAをロック中の状態で待ち状態に入りました。

佐藤さんは、テーブルBの更新が終わったのでテーブルAを更新しようとしましたが、テーブルAは鈴木さんが更新中だったので、テーブルBをロック中の状態で待ち状態に入りました。

■テーブルを更新後、ロック中の状態に

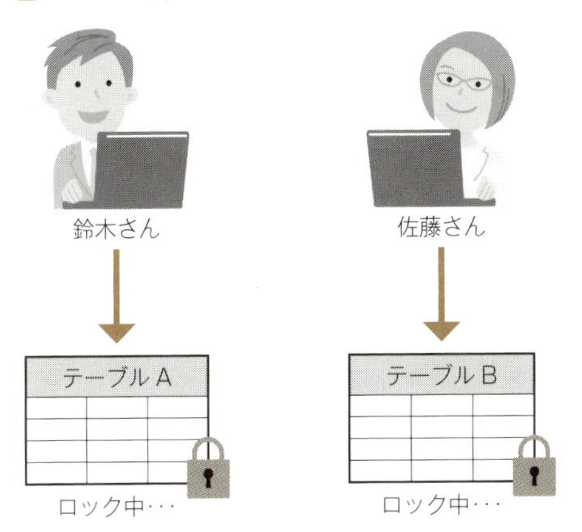

すると、2人とも、お互いが使っているテーブルを使いたいのに、ロックしたまま待ち状態に入ってしまいました。

■デッドロックになってしまった状態

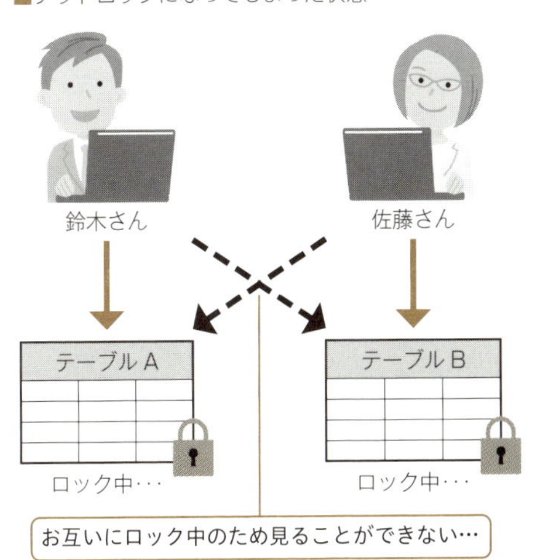

このように、複数の処理がお互いの占有しているテーブルの解放を待つよ

うな状態になり、処理が継続しなくなってしまうことを、「デッドロック」と言います。

デッドロックを回避するには

デッドロックを回避するには、次の2点に気を付けてデータベース設計を行う必要があります。

処理の流れを変更する

まず、先ほどの例において、テーブルAの更新後にテーブルBを更新する処理（鈴木さんの処理）と、テーブルBの更新後にテーブルAを更新する処理（佐藤さんの処理）の2種類ありました。

もし、鈴木さんも佐藤さんも、テーブルAの更新後にテーブルBを更新したのであれば、お互いのテーブルの解放を待ってロック状態に入ることにはなりません。

ロックする順序において、デッドロックが発生する可能性があるのは、次の2つのパターンです。

■デッドロックが発生しやすいパターン

❶ ロックする順序が逆になる場合

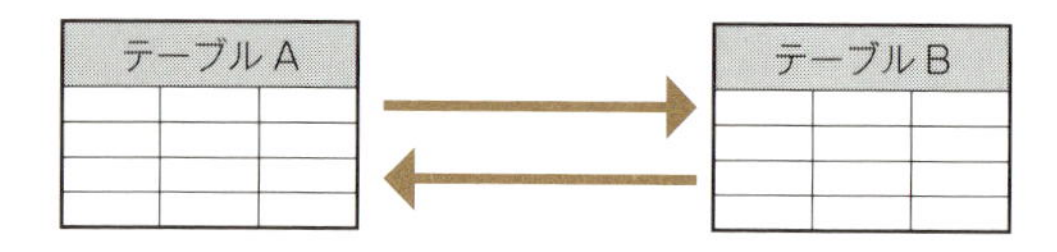

❷ ロックする順序がループする場合

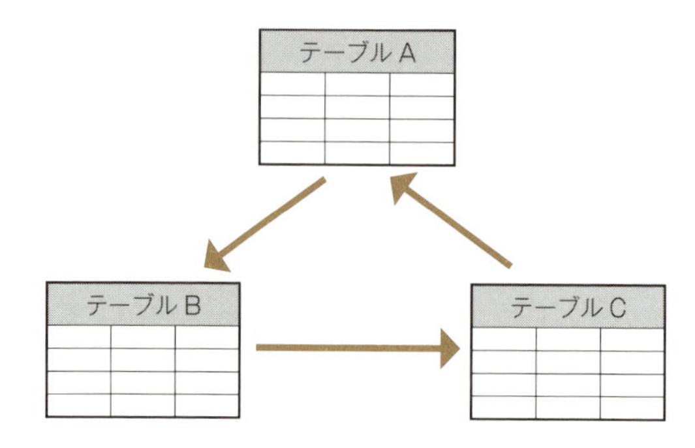

このように、デッドロックはロックする順序を図で表した場合、輪ができるときに発生します。データベースを設計する際には、十分に注意してください。

トランザクションを短くする

1つのトランザクション内で、データの入力チェックからデータ更新まで行っているようであれば、データの入力チェックはトランザクション外に出してしまいましょう。トランザクションが長くなると、それだけデッドロックが発生する可能性が高くなります。

データの整合性について

データの整合性とは、データが正しい状態に保たれていることを保証するものです。

たとえば、企業では社員1人に1つずつ社員番号が振られています。その社員番号は社員を特定するためのものであり、同じ社員番号を持つ社員が複数存在することはありません。そのため、社員番号には重複値を入力できないようにあらかじめ設定されていると、データの整合性がとりやすくなります。

それでは、データの整合性についてもう少し詳しく見てみましょう。本書では、データの整合性を「実態の整合性」「ドメインの整合性」「参照整合性」の3つの視点から見てみます。

実態の整合性

実態の整合性は、テーブルにおいてレコードが唯一の存在であることを示すキーが存在することを保証します。ユニークキーの定義がこれに該当します（P.80参照）。

ドメインの整合性

ドメインの整合性は、テーブルに格納されているデータが妥当なデータであることを保証します。たとえば、受注日付のフィールドには日付として妥当なデータしか格納することができませんし、受注数量には数値として妥当なデータしか格納することができません。

参照整合性

参照整合性は、テーブル間のリレーションが維持されていることを保証します。たとえば、社員テーブルの部門コードには部門テーブルに登録されている部門コードしか格納できませんし、社員テーブルで使用されている部門コードを部門テーブルから削除することはできません。この参照整合性には、外部キー制約が該当します（P.79参照）。

まとめ

- **データベースにはデータの整合性を守るためのしくみがある**
- **ロックとは誰かが更新しているデータを別の人が更新できないようにするしくみのこと**
- **トランザクションは処理の単位のこと。ロックはトランザクションごとに行われる**

第4章

SQLの基本を知ろう

Section

01 SQLの基本

SQL（エスキューエル）は、リレーショナル型データベースを操作するための問い合わせ言語です。データの取得や追加、更新や削除などを命令文の形で指示することができます。

SQLの基礎知識

SQLは、リレーショナル型データベースを操作するために考案された問い合わせ（クエリ）言語です。リレーショナル型データベースの種類によって多少の方言はありますが、SQLはANSI（American National Standards Institute：アメリカ規格協会）によって標準化されています。そのため、リレーショナル型データベースの種類が変わったからといって、1からSQLを学び直す必要はありません。

SQLは、1つの命令で完結する「非手続き型言語」という言語の種類に分類されます。なお、複数の命令で1つの目的を達する言語は「手続き型言語」と言います。Visual BasicやC#、Javaなど、プログラムに流れのある言語は「手続き型言語」に属します。

ところで、「SQLは苦手」という方をよくみかけます。しかし、SQLの言語仕様自体はとてもかんたんです。データ操作に限って言えば、基本的な命令は次の4つしかありません。

・データを取得する（SELECT命令）
・データを追加する（INSERT命令）
・データを更新する（UPDATE命令）
・データを削除する（DELETE命令）

これらを使用して、いかに目的のデータ操作を行うかが問題なのです。かんたんなルールで難しい問題を解く感覚は、パズルを解く感覚に似ています。このあたりが、SQLの得手不得手を分けるようです。

SQLは、処理の種類によってデータ操作言語、データ定義言語、データ制御言語の3つに分類することができます。

データ操作言語 (DML : Data Manipulation Language)

リレーショナル型データベースに対し、データを操作するための言語です。前述のとおり、基本的なデータ操作は4つしかありません。使用頻度は高く、SQLを使いこなせるかどうかの基準は、このDMLを使いこなせるかどうかにかかっています。

データ定義言語 (DDL : Data Definition Language)

リレーショナル型データベースに対し、データを定義するための言語です。テーブルを作成したり、フィールドのデータ型を変更したりすることができます。また、この章の後半で解説するビューの作成やストアドプロシージャの作成も、DDLに属します。

データ制御言語 (DCL : Data Control Language)

リレーショナル型データベースに対し、データを制御するための言語です。リレーショナル型データベースを使用するユーザーを作成して権限を設定したり、トランザクションやロックの制御を行ったりします。

本書では、データ操作言語 (DML) を中心に、データ定義言語 (DDL)、データ制御言語 (DCL) まで、よく使われるものをひととおり解説します。なお、SQLを任意のデータベースに対して実行する方法は、データベースの種類やシステムの構築環境によって異なります。主要なデータベースとプログラミング言語の組み合わせにおけるSQLの実行方法は、第5章にてサンプルコード付きで解説します。

- **SQLはリレーショナル型データベースを操作するための言語**
- **SQLは非手続き型言語と呼ばれ、言語自体に流れがなく命令は単発**
- **SQLはデータ操作言語 (DML)、データ定義言語 (DDL)、データ制御言語 (DCL) の3つに分類できる**

Section
02 データの操作（DML）①～SELECT命令の基本

「データベースを知っているかどうか」とは「SQLを知っているかどうか」であると言っても過言ではありません。本節では、SQLのなかでもっとも使用頻度が高い、データ操作言語（DML）を中心に解説します。

サンプルテーブルについて

本章では、以下のサンプルテーブルを使用します。テーブルの内容とSQLの実行結果を比較するときなどにご利用ください。

■社員テーブル（tbl_employee）

code	name	sex	blood	birthday	dpt_code	post_code
101	伊藤英樹	m	A	1972/2/1	10	01
102	山本大貴	m	AB	1974/9/9	20	03
103	中村千華	f	B	1976/5/21	10	04
104	小林谷男	m	O	1978/12/4	30	(NULL)
105	斎藤美桜	f	A	1980/7/14	30	(NULL)

フィールド名	意味	データ型	制約
code	社員コード	INTEGER	主キー
name	社員名	VARCHAR(40)	
sex	性別	VARCHAR(1)	
blood	血液型	VARCHAR(2)	
birthday	誕生日	DATE	
dpt_code	部門コード	INTEGER	外部キー（参照先は部門テーブルのコード）
post_code	役職コード	INTEGER	外部キー（参照先は役職テーブルのコード）

■部門テーブル (tbl_department)

code	name
10	総務部
20	営業部
30	開発部

フィールド名	意味	データ型	制約
code	部門コード	INTEGER	主キー
name	名称	VARCHAR(40)	

■役職テーブル (tbl_post)

code	name
01	部長
02	次長
03	課長
04	係長
05	主任

フィールド名	意味	データ型	制約
code	役職コード	INTEGER	主キー
name	名称	VARCHAR(40)	

■得意先テーブル (tbl_customer)

code	name	stdate
0001	株式会社 中山製作所	1983/3/25
0002	大橋商事 株式会社	1997/6/7
0003	株式会社 五十嵐情報処理 研究所	2003/9/8
0004	山之内証券 株式会社	2004/5/5

フィールド名	意味	データ型	制約
code	コード	INTEGER	主キー
name	名称	VARCHAR(40)	
stdate	取引 開始日	DATE	

■仕入先テーブル (tbl_supplier)

code	name	stdate
0001	株式会社 中山製作所	1983/3/25
0003	株式会社 五十嵐情報処理 研究所	2003/9/8
0005	株式会社 ホリイ	2008/12/12

フィールド名	意味	データ型	制約
code	コード	INTEGER	主キー
name	名称	VARCHAR(40)	
stdate	取引 開始日	DATE	

テーブルからすべてのデータを取得

テーブルからデータを取得するには、SELECT命令を使用します。SELECT命令は、SQLの中で最も使用頻度が高く、基本中の基本です。SELECT命令の構文は、次のとおりです。

構文

```
SELECT
    *
FROM
    tableName
```

オプション

tableName …………テーブル名

「SELECT」句の後の「*」(アスタリスク)は、テーブルに存在するすべてのフィールドからデータを取得することを示します。「FROM」句は、その後に記述したテーブル(*tableName*)からデータを取得することを示します。

それでは、実際に社員テーブル(tbl_employee)からデータを取得してみましょう。

```
SELECT
    *
FROM
    tbl_employee
```

取得したデータは以下のようになります(P.110参照)。

code	name	sex	blood	birthday	dpt_code	post_code
101	伊藤英樹	m	A	1972/2/1	10	01
102	山本大貴	m	AB	1974/9/9	20	03
103	中村千華	f	B	1976/5/21	10	04
104	小林谷男	m	O	1978/12/4	30	(NULL)
105	斎藤美桜	f	A	1980/7/14	30	(NULL)

このSQLの実行によって、社員テーブルのすべてのレコードのすべてのフィールドが取得されました。ちなみに、SQL命令については大文字と小文字を区別しません。また、「SELECT」や「FROM」などの単語は、半角スペースもしくは改行で区切ります。

テーブルからデータを並べ替えて取得

SELECT命令で取得したデータを、指定したフィールドの値の大小によって並べ替えてみましょう。データを並べ替えることを「ソート」(Sort)と言います。

SELECT命令で取得した結果をソートするには、次のように「ORDER BY」句を使用します。

構文

```
SELECT
    *
FROM
    tableName
ORDER BY
    fieldName1 sortType1,
    fieldName2 sortType2,
    ...
```

オプション

tableName …………テーブル名
fieldname …………フィールド名
sortType ……………昇順なら「ASC」、降順なら「DESC」

ソートする順序は、昇順なら「ASC」、降順なら「DESC」をそれぞれのフィールドの後ろに指定します。たとえば、社員テーブルを社員コードの降順に並べ替えて取得するには、次のようなSQLを実行します。

```
SELECT
    *
FROM
    tbl_employee
```

```
ORDER BY
    code DESC
```

実行結果は次のようになります。

code	name	sex	blood	birthday	dpt_code	post_code
105	斎藤美桜	f	A	1980/7/14	30	(NULL)
104	小林谷男	m	O	1978/12/4	30	(NULL)
103	中村千華	f	B	1976/5/21	10	04
102	山本大貴	m	AB	1974/9/9	20	03
101	伊藤英樹	m	A	1972/2/1	10	01

ちなみに、社員コードの昇順に並び替えて取得するには、「DESC」のかわりに「ASC」を指定します。また、*sortType*は省略することができ、その場合は、指定したフィールドの昇順（「ASC」が指定された場合と同じ）でソートされます。ソートしたいフィールドが複数存在する場合は、優先したいフィールドから先に記述し、それぞれのソート条件をカンマ（,）で区切って指定します。

ちなみに、NULLをソートした場合の結果は、データベースの種類によって異なります。たとえば、SQL ServerやMySQLではNULLは最小の値となりますが、PostgreSQLやOracleではNULLは最大の値となります。

フィールドを絞り込んでデータを取得（射影演算）

次は、フィールドを絞り込んでデータを取得してみましょう。フィールドの絞り込みは、関係演算の射影演算に該当します（P.88参照）。フィールドを絞り込んでデータを取得する場合は、「SELECT」の後ろに「*」ではなく、取得したいフィールド名を指定します。

次のようなSQLで、社員テーブルから社員コードと社員名だけを取得してみましょう。

```
SELECT
    code,
    name
FROM
    tbl_employee
ORDER BY
    code
```

実行結果は次のようになります。

code	name
101	伊藤英樹
102	山本大貴
103	中村千華
104	小林谷男
105	斎藤美桜

社員テーブルから取得したフィールドは、「社員コード」と「社員名」だけに絞り込まれました。このように、取得したいフィールドが複数ある場合は、各フィールドを「,」（カンマ）でつなげて列挙します。指定できるフィールドの数に制限はありません。また、同一フィールドを複数指定することもできます。

レコードを絞り込んでデータを取得（選択演算）

今度は、レコードを絞り込んでデータを取得してみましょう。レコードの絞り込みは、関係演算の選択演算に該当します（P.87参照）。レコードを絞り込んでデータを取得するには、**「WHERE」句**を使用します。WHERE句は、FROM句で指定したテーブル名の後ろに加えます。

WHERE句を使ったSELECT命令の構文は、次のとおりです。

構文

```
SELECT
    *
FROM
    tableName
WHERE
    expression
```

オプション

tableName …………テーブル名
expression …………条件式

expression には、取得するデータの条件を指定します。

具体的な例を見てみましょう。次のようなSQLで社員テーブルから社員名が「伊藤英樹」の社員データを取得してみましょう。

```
SELECT
    *
FROM
    tbl_employee
WHERE
    name = '伊藤英樹'
```

実行結果は以下のようになります。

code	name	sex	blood	birthday	dpt_code	post_code
101	伊藤英樹	m	A	1972/2/1	10	01

社員テーブルから、社員名が「伊藤英樹」のレコード1件を取得できました。

この例のように、SQLで文字列を指定する場合、その文字列を「'」（シングルクォーテーション）で囲わなくてはなりません。日付を指定する場合も同様です。一方、数値を指定する場合は、「'」で囲う必要はありません。数値を「'」で囲うとエラーになります。

複数の条件を指定してデータを取得

WHERE句は、1つの条件だけでなく複数の条件を指定することもできます。複数の条件の指定には、複数の条件を同時に満たす場合と、複数の条件のいずれかを満たす場合の2つがあります。

まずは、複数の条件を同時に満たす場合の例を見てみましょう。社員テーブルにて、「sex」（性別）が「m」（male：男性）であり、かつ「blood」（血液型）が「A」である社員を取得してみましょう。

```
SELECT
    *
FROM
    tbl_employee
WHERE
    (sex = 'm')
AND
    (blood = 'A')
ORDER BY
    code
```

実行結果は以下のようになります。

code	name	sex	blood	birthday	dpt_code	post_code
101	伊藤英樹	m	A	1972/2/1	10	01

「sex」（性別）が「m」（male：男性）であり、かつ「blood」（血液型）が「A」である社員、「伊藤英樹」のレコード1件のみを取得することができました。このように、複数の条件を同時に満たす場合、それぞれの条件を**「AND」演算子**で結合します。AND演算子は、P.85で説明した積集合演算に該当します。

では、今度は複数の条件のいずれかを満たす場合の例を見てみましょう。社員テーブルにて、「sex」が「m」である、もしくは「blood」が「A」である社員を取得してみましょう。

```
SELECT
    *
FROM
    tbl_employee
WHERE
    (sex = 'm')
OR
    (blood = 'A')
ORDER BY
    code
```

実行結果は以下のようになります。

code	name	sex	blood	birthday	dpt_code	post_code
101	伊藤英樹	m	A	1972/2/1	10	01
102	山本大貴	m	AB	1974/9/9	20	03
104	小林谷男	m	O	1978/12/4	30	(NULL)
105	斎藤美桜	f	A	1980/7/14	30	(NULL)

「sex」が「m」、もしくは「blood」が「A」である社員、「伊藤英樹」「山本大貴」「小林谷男」「斎藤美桜」のレコード4件を取得することができました。このように、複数の条件のいずれかを満たす場合、それぞれの条件を**「OR」演算子**で結合します。OR演算子は、P.82で説明した和集合演算に該当します。

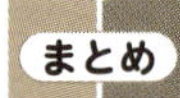

- データ操作言語（DML）の基本はデータを取得するSELECT命令
- データを並び替えるにはSELECT命令に「ORDER BY」句を指定する
- データを絞り込むにはSELECT命令に「WHERE」句を指定する

Section 03 データの操作(DML)②～SQLで使用する演算子

関係演算についてはP.87で説明しましたが、SQLでは条件指定などでさまざまな演算子が使用できます。ここでは、SQLで使用できる演算子をもう少し詳しく見てみましょう。

演算子の種類

SQLで取り扱う代表的な演算子として、算術演算子、比較演算子、論理演算子があります。

算術演算子

算術演算子とは、四則演算を示す演算子です。SQLで使用する代表的な算術演算子には、次のようなものがあります。

■算術演算子

記号	意味	使用例	結果
+	加算	1 + 2	3
-	減算	3 - 2	1
*	乗算	2 * 3	6
/	除算	6 / 3	2

それぞれの算術演算子の使用方法は、一般的な数学での計算方法と同じです。

比較演算子

比較演算子とは、値を比較する演算子です。SQLで使用する代表的な比較演算子には、次のようなものがあります。

■比較演算子

記号	意味	使用例	使用例の表す条件
=	等しい	code = 10	codeが10と等しい
<>	等しくない	code <> 10	codeが10と等しくない
!=		code != 10	
<=	以下	code <= 10	codeが10以下
<	未満	code < 10	codeが10未満
>=	以上	code >= 10	codeが10以上
>	より大さい	code > 10	codeが10より大きい

比較演算子の使用方法も、一般的な数学での計算方法と同じです。特殊なものとして、<>演算子や!=演算子は、等しくないものを示します。

論理演算子

論理演算子とは、真偽を判別する演算子です。SQLで使用する代表的な論理演算子には、次のようなものがあります。

■論理演算子

記号	意味	使用例	使用例の表す条件または結果
NOT	否定	NOT A(条件)	A(条件)ではない
!		! A(条件)	
AND	論理積	X AND Y	{6}
OR	論理和	X OR Y	{2,3,4,6,8,9,10}
XOR	排他的論理和	X XOR Y	{2,3,4,8,9,10}

(注) この表でX,Yは集合を表し、X={2,4,6,8,10}、Y={3,6,9}とします

NOT演算子や!演算子は、条件の前に付加することで、その条件に合致しないデータを取得することができます。AND演算子やOR演算子については、

P.117～118ですでに説明済みです。

特殊な演算子としては、**XOR演算子**があります。AND演算子は、AおよびBの値が1のときに「A AND B」は1となりますが、AまたはBの値のどちらかが0の場合は「A AND B」は0となります。OR演算子は、AまたはBのどちらかが1であれば「A OR B」は1となり、AおよびBの値が0のときに「A OR B」は0となります。それらに対し、XOR演算子は、AまたはBのどちらかが1である場合は「A XOR B」は1となりますが、AおよびBの値が0もしくはAおよびBの値が1の場合は「A XOR B」は0となります。

■AND演算子、OR演算子、XOR演算子の演算例

A	B	A AND B	A OR B	A XOR B
1	1	1	1	0
1	0	0	1	1
0	1	0	1	1
0	0	0	0	0

P.120の下の表で「X XOR Y」をベン図で表すと以下のようになります。

■X XOR Yの演算結果

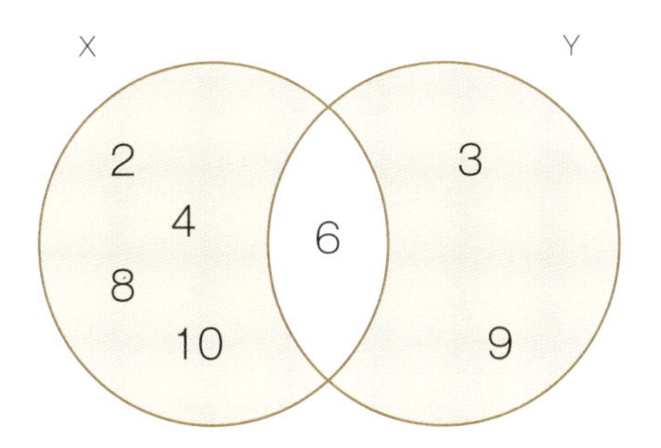

演算子の優先順位

演算子には、一般的な数学での計算方法と同じく優先順位があります。たとえば、「1＋2×3」の結果は7です。これは、加算よりも乗算を先に行うからです。加算を乗算よりも先に行いたい場合は、「(1＋2) ×3」のように、加

算をカッコで囲みます。同様に、SQLも優先順位が高いものを先に演算します。SQL演算子の優先順位は、次のとおりです。

■演算子の優先順位

高	算術演算子の乗除算（*, /）
	算術演算子の加減算（+, -）
	比較演算子（<, >など）
	論理演算子の否定（NOTなど）
	論理演算子の論理積（AND）
低	論理演算子の論理和（OR）

演算子の優先順位をよく理解しておかないと、思ったとおりの結果を得ることができません。たとえば、次のような場合です。

以下のようなテーブル「tbl_test」があるとします。

id	name	code1	code2
1	一郎	10	30
2	二郎	20	20
3	三郎	30	10

このテーブルに対し、次のSQLを実行したらどうなるでしょうか?

```
SELECT
    *
FROM
    tbl_test
WHERE
    code1 = 10 OR code1 = 20
AND
    code2 = 10 OR code2 = 20
ORDER BY
    code1, code2
```

「code1が10あるいはcode1が20のデータ」かつ「code2が10あるいはcode2が20のデータ」が条件として指定されているように見えます。それならば、これに該当するのはidが2の「二郎」だと思った方もいるかと思いますが、残念ながらハズレです。

実際にこのSQLを実行してみると、「二郎」だけでなく「一郎」も抽出されてしまいます。なぜでしょう？

答えは、演算子の優先順位にあります。もう1度、SQLの演算子の優先順位をご覧ください。これを見ると、論理和（OR）の演算よりも論理積（AND）の演算を先に行う必要があります。

つまりこのSQLは、「code1が20のデータかつcode2が10のデータ」あるいは「code1が10のデータ」あるいは「code2が20のデータ」を取得します。「code1が20のデータかつcode2が10のデータ」は存在しませんが、「code1が10のデータ」には「一郎」が、「code2が20のデータ」には「二郎」が該当しますので、結果として「一郎」と「二郎」が抽出されたというわけです。

先ほどのSQLを、「code1が10あるいはcode1が20のデータ」かつ「code2が10あるいはcode2が20のデータ」という条件にするには、次のようにカッコを使います。

```
SELECT
    *
FROM
    tbl_test
WHERE
    (code1 = 10 OR code1 = 20)
AND
    (code2 = 10 OR code2 = 20)
ORDER BY
    code1,
    code2
```

演算子の優先順位に注意を払わないと、このように意図しない結果となって頭を悩ませることになりかねませんので、注意してください。

NULLの取り扱い

値がNULLのデータを取得する方法について見てみましょう。たとえば、社員テーブルの中から役職についていない（役職コードがNULL）社員を取得してみましょう。まず思い浮かぶのが、次のようなSQLです。

```
SELECT
    *
FROM
    tbl_employee
WHERE
    post_code = NULL
ORDER BY
    code
```

しかし、このSQLを実行しても何のデータも取得できません。社員テーブルを見る限り、役職コードがNULLのデータは2件あります。なぜ、その2件を取得できないのでしょうか。

その理由は、NULLの場合は「=」は使えないからです。NULLのデータを取得したい場合は、次のようにします。

```
SELECT
    *
FROM
    tbl_employee
WHERE
    post_code IS NULL
ORDER BY
    code
```

実行結果は以下のようになります。

code	name	sex	blood	birthday	dpt_code	post_code
104	小林谷男	m	O	1978/12/4	30	(NULL)
105	斎藤美桜	f	A	1980/7/14	30	(NULL)

これで、役職コードがNULLの社員、「小林谷男」と「斎藤美桜」を取得することができました。先ほどのSQLとの違いは、NULLのところの比較演算子を「=」ではなく「IS」で表記しているところです。

このように、NULLのデータを取得したい場合は、「IS NULL」と指定する必要があります（ただし、SQL Serverのように、データベースの種類によっては「= NULL」でもNULLのデータを取得できるものもあります）。

それでは、今度は役職に就いている（役職コードがNULL以外）社員を取得してみましょう。NULL以外のデータを取得したい場合は、次のようにします。

```
SELECT
    *
FROM
    tbl_employee
WHERE
    post_code IS NOT NULL
ORDER BY
    code
```

実行結果は次のようになります。

code	name	sex	blood	birthday	dpt_code	post_code
101	伊藤英樹	m	A	1972/2/1	10	01
102	山本大貴	m	AB	1974/9/9	20	03
103	中村千華	f	B	1976/5/21	10	04

「=」の否定（「等しくない」）には「<>」や「!=」を使用しますが、「IS NULL」の否定は「IS NOT NULL」となります。

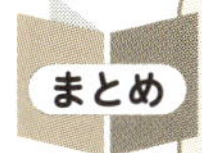

- **SQLの代表的な演算子には算術演算子、比較演算子、論理演算子がある**
- **数学と同様、演算子には優先順位がある**
- **値がNULLの場合、=演算子ではなく「IS NULL」句や「IS NOT NULL」句を使う**

Section 04

データの操作（DML）③ ～テーブルの結合

欲しいデータが複数のテーブルにまたがっている場合、それらをまとめて取得するには、複数のテーブルをまとめてからデータを取得します。このテーブルをまとめる操作を「結合」と言います。

● 複数のテーブルから同時にデータを取得

社員テーブルでは、ある社員がどこの部門に属しているかは、部門コードを見ればわかります。しかし、部門コードはわかっても部門名まではわかりません。部門名を知るためには、部門テーブルを見る必要があります。つまり、社員名と部門名を同時に取得したい場合は、1つのSQLで社員テーブルと部門テーブルの2つを参照しなければなりません。

このような場合は、まずSQLの中で対象となるテーブルどうしをキーとなるフィールドで結合します。ここでは、社員テーブルの部門コードが部門テーブルの外部キーとなっているので、次のようにして結合します。

■テーブルどうしを結合

社員テーブル（tbl_employee）

code	name	sex	blood	birthday	dpt_code	post_code
101	伊藤英樹	m	A	1972/2/1	10	01
102	山本大貴	m	AB	1974/9/9	20	03
103	中村千華	f	B	1976/5/21	10	04
104	小林谷男	m	O	1978/12/4	30	(NULL)
105	斎藤美桜	f	A	1980/7/14	30	(NULL)

＋

部門テーブル(tbl_department)

code	name
10	総務部
20	営業部
30	開発部

外部キー

等結合

code	name	sex	blood	birthday	dpt_code	post_code	code	name
101	伊藤英樹	m	A	1972/2/1	10	01	10	総務部
102	山本大貴	m	AB	1974/9/9	20	03	20	営業部
103	中村千華	f	B	1976/5/21	10	04	10	総務部
104	小林谷男	m	O	1978/12/4	30	(NULL)	30	開発部
105	斎藤美桜	f	A	1980/7/14	30	(NULL)	30	開発部

そこからデータを取得すればよいわけです。SQLにすると次のようになります。

```
SELECT
    dpt.code AS dpt_code,
    dpt.name AS dpt_name,
    emp.code AS emp_code,
    emp.name AS emp_name
FROM
    tbl_employee AS emp,
    tbl_department AS dpt
WHERE
    emp.dpt_code = dpt.code
ORDER BY
    dpt.code,
    emp.code
```


実行結果は次のようになります。

dpt_code	dpt_name	emp_code	emp_name
10	総務部	101	伊藤英樹
10	総務部	103	中村千華
20	営業部	102	山本大貴
30	開発部	104	小林谷男
30	開発部	105	斎藤美桜

1回のSQLで、社員名と部門名を同時に取得することができました。

さて、このSQLについて解説しましょう。まずは、FROM句に社員テーブルと部門テーブルがカンマ（「,」）区切りで2つとも指定されています。テーブルの後ろの**「AS」句**は、そのテーブル名に**別名**を付けたいときに使用します。つまり、このSQLのなかでは、社員テーブルが「emp」、部門テーブルが「dpt」という名前で使用することができます。

SELECT句の「AS」も同様です。部門テーブル（dpt）の部門コード（code）

は「dpt_code」という別名で取得され、同じように社員テーブル（emp）の社員名（name）は「emp_name」という別名で取得されます。

なお、このSQLのように、フィールド名の先頭にはテーブル名（またはテーブル名の別名）を、**「テーブル名.フィールド名」**の形で記述することができます。とくに、この例では「code」という名前のフィールドが社員テーブルにも部門テーブルにも存在するため、必ずテーブル名を記述する必要があります。

重要なのはWHERE句です。社員テーブルの部門コードと、部門テーブルの部門コードを**等結合**しています。この等結合によって、社員テーブルのレコード1件に対し、部門テーブルのレコード1件を結び付けることができます。

外部結合とは

今度は、社員テーブルと役職テーブルを等結合してみます。社員テーブルと役職テーブルを結合する際のキーは、社員テーブルの役職コードと役職テーブルの役職コードです。

SQLは、次のようになります。

```
SELECT
    emp.code AS emp_code,
    emp.name AS emp_name,
    post.code AS post_code,
    post.name AS post_name
FROM
    tbl_employee AS emp,
    tbl_post AS post
WHERE
    emp.post_code = post.code
ORDER BY
    emp.code
```

実行結果は次のようになります。

emp_code	emp_name	post_code	post_name
101	伊藤英樹	01	部長
102	山本大貴	03	課長
103	中村千華	04	係長

社員名、「小林谷男」と「斎藤美桜」が取得できませんでした。「小林谷男」と「斎藤美桜」は、役職に就いていないため、社員テーブルの役職コードがNULLになっています。役職テーブルには役職コードがNULLのデータは存在しないため、等結合では社員テーブルと役職テーブルを結び付けることができません。その結果、社員テーブルの役職コードがNULLの社員を取得することができませんでした。

■等結合では取得できないレコードが出てくる

社員テーブル（tbl_employee）

code	name	sex	blood	birthday	dpt_code	post_code
101	伊藤英樹	m	A	1972/2/1	10	01
102	山本大貴	m	AB	1974/9/9	20	03
103	中村千華	f	B	1976/5/21	10	04
104	小林谷男	m	O	1978/12/4	30	(NULL)
105	斎藤美桜	f	A	1980/7/14	30	(NULL)

役職テーブル（tbl_post）

code	name
01	部長
02	次長
03	課長
04	係長
05	主任

code	name	sex	blood	birthday	dpt_code	post_code	code	name
101	伊藤英樹	m	A	1972/2/1	10	01	01	部長
102	山本大貴	m	AB	1974/9/9	20	03	03	課長
103	中村千華	f	B	1976/5/21	10	04	04	係長

役職テーブルに存在しない役職コードの社員（役職コードがNULLの社員）は取得することができない

しかし、参照元に該当するデータがないレコードも抽出したい場合もあるでしょう。先ほどの例で言えば、「小林谷男」も「斎藤美桜」もいっしょに出力したい場合です。

そこで登場するのが、「外部結合」です。では、外部結合を用いて、この条件を満たすSQLを作成してみましょう。外部結合の構文は、次のとおりです。

構文

```
SELECT
    *
FROM
    tableName1
    LEFT OUTER JOIN tableName2
        ON filter
```

オプション

tableName …………テーブル名
filter ……………………結合条件

FROM句に記述されている「OUTER JOIN」句が、外部結合を意味します。この外部結合を用いて、先ほどの問題を解いてみましょう。SQLは、次のようになります。

```
SELECT
    emp.code AS emp_code,
    emp.name AS emp_name,
    post.code AS post_code,
    post.name AS post_name
FROM
    tbl_employee AS emp
    LEFT OUTER JOIN tbl_post AS post
        ON emp.post_code = post.code
ORDER BY
    emp.code
```

実行結果は以下のようになります。

code	name	post_code	post_name
101	伊藤英樹	01	部長
102	山本大貴	03	課長
103	中村千華	04	係長
104	小林谷男	(NULL)	(NULL)

105	斎藤美桜	(NULL)	(NULL)

役職についていない2人の社員も取得することができました。

このSQLにある「LEFT OUTER JOIN」句は、左側のテーブルは右側のテーブルに値があるかどうかに関わらず取得されることを意味します。つまり、左側の社員テーブルは、右側の役職テーブルに該当する値があるかどうかに関わらず、すべてのレコードを取得するということになります。

■外部結合ではすべてのレコードを取得できる

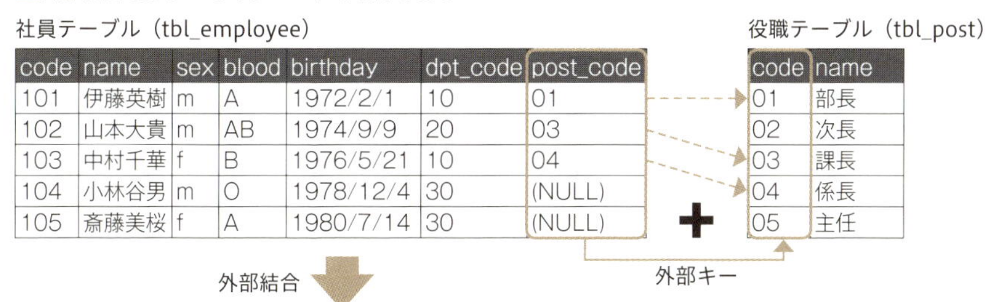

code	name	sex	blood	birthday	dpt_code	post_code
101	伊藤英樹	m	A	1972/2/1	10	01
102	山本大貴	m	AB	1974/9/9	20	03
103	中村千華	f	B	1976/5/21	10	04
104	小林谷男	m	O	1978/12/4	30	(NULL)
105	斎藤美桜	f	A	1980/7/14	30	(NULL)

code	name
01	部長
02	次長
03	課長
04	係長
05	主任

code	name	sex	blood	birthday	dpt_code	post_code	code	name
101	伊藤英樹	m	A	1972/2/1	10	01	01	部長
102	山本大貴	m	AB	1974/9/9	20	03	03	課長
103	中村千華	f	B	1976/5/21	10	04	04	係長
104	小林谷男	m	O	1978/12/4	30	(NULL)	(NULL)	(NULL)
105	斎藤美桜	f	A	1980/7/14	30	(NULL)	(NULL)	(NULL)

役職テーブルに存在しない役職コードの社員（役職コードがNULLの社員）も取得することができる

同様に「RIGHT OUTER JOIN」句を指定すると、右側のテーブルは左側のテーブルに値があるかどうかに関わらず、取得されます。

「LEFT OUTER JOIN」「RIGHT OUTER JOIN」は、どちらも外部結合ですが、とくに「LEFT OUTER JOIN」を**左外部結合**、「RIGHT OUTER JOIN」を**右外部結合**と言います。また、「OUTER」を省略して、それぞれ「LEFT JOIN」「RIGHT JOIN」と記述することもできます。

なお、あくまでも著者個人の意見ですが、右外部結合は極力使用しないほうがよいのではないかと思います。左外部結合と右外部結合が混在するようなSQLでは、解読しづらくなってしまうからです。特別な理由がない限り、右外部結合は使わなくてもよいでしょう。

等結合をFROM句に記述

外部結合では、結合条件をFROM句に記述していました。同様に、P.126の等結合もFROM句に記述することができます。その場合、次のような構文になります。

構文

```
SELECT
    *
FROM
    tableName1
    INNER JOIN tableName2
        ON filter
```

オプション

tableName …………テーブル名
filter …………………結合条件

等結合の場合は、FROM句に「INNER JOIN」句を記述します。

社員テーブルと部門テーブルの等結合を、「INNER JOIN」句を使用したSQLで記述してみましょう。

```
SELECT
    dpt.code AS dpt_code,
    dpt.name AS dpt_name,
    emp.code AS emp_code,
    emp.name AS emp_name
FROM
    tbl_employee AS emp
    INNER JOIN tbl_department AS dpt
        ON emp.dpt_code = dpt.code
ORDER BY
    dpt.code
    emp.code
```

このSQLを実行すると、P.127と同じ結果を得ることができます。

交差結合とは

次に説明する交差結合は、あるテーブルの1レコードに対して別のテーブルの全レコードをあわせて取得する結合方法です。つまり、Aというテーブルにレコードが3件存在し、Bというテーブルにレコードが5件存在したとします。このAテーブルとBテーブルを交差結合した場合、取得されるレコードの件数は、3×5＝15件となります。

この交差結合は、P.85で説明した直積演算に該当します。交差結合の構文は、次のとおりです。

構文

```
SELECT
    *
FROM
    tableName1
    CROSS JOIN tableName2
```

オプション

tableName …………テーブル名

交差結合は、FROM句に「CROSS JOIN」句を記述します。たとえば、社員テーブルと役職テーブルを交差結合してみましょう。SQLは、次のようになります。

```
SELECT
    emp.code AS emp_code,
    emp.name AS emp_name,
    post.code AS post_code,
    post.name AS post_name
FROM
    tbl_employee AS emp
    CROSS JOIN tbl_post AS post
ORDER BY
    emp.code,
    post.code
```

実行結果は次のようになります。

emp_code	emp_name	post_code	post_name
101	伊藤英樹	01	部長
101	伊藤英樹	02	次長
101	伊藤英樹	03	課長
101	伊藤英樹	04	係長
101	伊藤英樹	05	主任
102	山本大貴	01	部長
102	山本大貴	02	次長
102	山本大貴	03	課長
102	山本大貴	04	係長
102	山本大貴	05	主任
103	中村千華	01	部長
103	中村千華	02	次長
103	中村千華	03	課長
103	中村千華	04	係長
103	中村千華	05	主任
104	小林谷男	01	部長
104	小林谷男	02	次長
104	小林谷男	03	課長
104	小林谷男	04	係長
104	小林谷男	05	主任
105	斎藤美桜	01	部長
105	斎藤美桜	02	次長
105	斎藤美桜	03	課長
105	斎藤美桜	04	係長
105	斎藤美桜	05	主任

交差結合は、対象となるテーブルのレコード件数によって、取得されるデータ件数が大幅に増加します。たとえば、レコード件数が100件のテーブルと200件のテーブルを交差結合した場合、取得されるデータ件数は20,000件にもなります。そのため、パフォーマンスが大きく悪化する原因にもなるため、ほとんど使用されることはないでしょう。もし使用するのであれば、対象となるテーブルのレコード件数が少ないもの同士のみを結合するようにしましょう。

ちなみに、テーブル同士を結合する際に結合条件を指定しなかった場合も交差結合になります。

テーブルの和を表示

得意先テーブルと仕入先テーブルを参照し、取引開始日が2000年4月1日以降の得意先と仕入先を同時に取得したいと思います。この場合、得意先テーブルからデータを取得した結果と、仕入先テーブルからデータを取得した結果をいっしょに表示する必要があります。

このように、あるSELECT命令の実行結果と他のSELECT命令の実行結果をいっしょに表示するには、**「UNION」演算子**を使用します。UNION演算子を使用した構文は、次のとおりです。

構文

```
selectStatement1
UNION
selectStatement2
```

オプション

selectStatement……SELECT命令

先ほどの例をUNION演算子で解決してみましょう。SQLは、次のようになります。

```
SELECT * FROM tbl_customer WHERE stdate >= '2000-04-01'
UNION
SELECT * FROM tbl_supplier WHERE stdate >= '2000-04-01'
```

実行結果は以下のようになります。

code	name	stdate
0003	株式会社 五十嵐情報処理研究所	2003/9/8
0004	山之内証券株式会社	2004/5/5
0005	株式会社 ホリイ	2008/12/12

1回のSQLで、得意先テーブルと仕入先テーブルの実行結果をまとめて表示することができました。ちなみに、UNION演算子は、P.82で紹介した和集合演算に該当します。

UNION演算子は、複数のSELECT命令の実行結果をいっしょに表示することができますが、その際、SELECT命令によって取得するフィールドの数とデータの型を統一する必要があります。

取引先開始日の条件に合致するデータとして、「株式会社 五十嵐情報処理研究所」が得意先テーブルと仕入先テーブルの共通のデータとして存在しますが、このような重複データは自動的に省いて表示されます。

それでは、重複したデータもすべて表示するには、どのようにすればよいでしょうか。重複したデータもすべて表示するには、**「UNION ALL」演算子**を使用します。

構文

```
selectStatement1
UNION ALL
selectStatement2
```

オプション

selectStatement……SELECT命令

先ほどの例を、UNION ALL演算子で実行してみましょう。SQLは、次のようになります。

```
SELECT * FROM tbl_customer WHERE stdate >= '2000-04-01'
UNION ALL
SELECT * FROM tbl_supplier WHERE stdate >= '2000-04-01'
```

実行結果は以下のようになります。

code	name	stdate
0003	株式会社 五十嵐情報処理研究所	2003/9/8
0003	株式会社 五十嵐情報処理研究所	2003/9/8
0004	山之内証券株式会社	2004/5/5
0005	株式会社 ホリイ	2008/12/12

「株式会社 五十嵐情報処理研究所」が2件、表示されるようになりました。

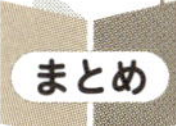

- 複数のテーブルをまとめる操作を結合と言う
- テーブルの結合には等結合、外部結合、交差結合などがある
- テーブル名やフィールド名はASを使用することで別名を付けてデータを操作できる

Section

05 データの操作(DML) ④ 〜データの追加・削除・更新

ここまでは、テーブルからデータを取得する方法(SELECT命令)について見てきました。本節では、データを追加・削除・更新する方法について解説します。

テーブルにデータを追加

テーブルにデータを追加するには、「INSERT」命令を使用します。INSERT命令は、SELECT命令と同じく、データ操作言語(DML)に属します。INSERT命令の構文は、次のとおりです。

構文

```
INSERT INTO tableName (
    fieldName1,
    fieldName2,
    ...
)
VALUES (
    dataValue1,
    dataValue2,
    ...
)
```

オプション

tableName …………テーブル名
fieldname …………フィールド名
dataValue …………値

*dataValue*には、*fieldName*に指定したフィールド名の順に、追加するデータの値を指定します。

また、テーブルに存在するすべてのフィールドを指定する場合は、フィールド名の指定を省略し、次のように記述することができます。

構文

```
INSERT INTO tableName
VALUES (
    dataValue1,
    dataValue2,
    ...
)
```

オプション

tableName …………テーブル名
dataValue …………値

この場合、*dataValue*には指定したテーブルのすべてのフィールドに追加するデータの値を、上から順番に指定します。

それでは、実際に社員テーブルにデータを追加してみましょう。追加する社員のデータは、次のとおりです。

フィールド名	意味	値
code	社員コード	108
name	社員名	加藤信夫
sex	性別	m
blood	血液型	A
birthday	誕生日	1982/3/3
dpt_code	部門コード	20
post_code	役職コード	(NULL)

P.138の構文を使ったSQLは、次のようになります。

```
INSERT INTO tbl_employee (
    code,
    name,
    sex,
```

```
    blood,
    birthday,
    dpt_code
)
VALUES (
    108,
    '加藤信夫',
    'm',
    'A',
    '1982-03-03',
    20
)
```

また、フィールド名の指定を省略し、次のように記述することもできます。

```
INSERT INTO tbl_employee
VALUES (
    108,
    '加藤信夫',
    'm',
    'A',
    '1982-03-03',
    20,
    NULL
)
```

実行結果は以下のようになります。

code	name	sex	blood	birthday	dpt_code	post_code
101	伊藤英樹	m	A	1972/2/1	10	01
102	山本大貴	m	AB	1974/9/9	20	03
103	中村千華	f	B	1976/5/21	10	04
104	小林谷男	m	O	1978/12/4	30	(NULL)
105	斎藤美桜	f	A	1980/7/14	30	(NULL)
108	加藤信夫	m	A	1982/3/3	20	(NULL)

テーブルの一番最後にデータが追加されました。フィールド名の指定を省略した場合、この例の役職コードのように、追加する値がNULLのフィールドであっても、当該フィールドにはNULLを指定する必要があります。

テーブルのデータを更新

次は、すでにテーブルにあるデータを更新してみましょう。

テーブルの既存データを更新するには、「UPDATE」命令を使用します。UPDATE命令の構文は、次のとおりです。

構文

```
UPDATE
    tableName
SET
    fieldName1 = value1,
    fieldName2 = value2,
    ...
WHERE
    filter
```

オプション

tableName …………テーブル名
fieldname …………フィールド名
value ……………………値
filter ……………………条件

UPDATE命令は、SELECT命令と同様、WHERE句を指定することができます。UPDATE命令にWHERE句を指定した場合、条件に合致するレコードのみが更新の対象となります。WHERE句を指定しなかった場合、テーブルに存在するすべてのレコードが更新の対象となります。

それでは、UPDATE命令の例を見てみましょう。

先ほど社員テーブルに追加した社員コードが108である「加藤信夫」のレコードにて、部門コードを「20」から「30」に、また生年月日を「1982-03-03」から「1983-03-03」に変更してみましょう。SQLは、次のようになります。

```
UPDATE
    tbl_employee
SET
    dpt_code = 30,
    birthday = '1983-03-03'
WHERE
    code = 108
```

実行結果は以下のようになります。

code	name	sex	blood	birthday	dpt_code	post_code
101	伊藤英樹	m	A	1972/2/1	10	01
102	山本大貴	m	AB	1974/9/9	20	03
103	中村千華	f	B	1976/5/21	10	04
104	小林谷男	m	O	1978/12/4	30	(NULL)
105	斎藤美桜	f	A	1980/7/14	30	(NULL)
108	加藤信夫	m	A	1983/3/3	30	(NULL)

更新前の社員テーブルと比較してください。社員コードが108である「加藤信夫」のレコードにて、部門コードが「20」から「30」に、生年月日が「1982-03-03」から「1983-03-03」に変更されています。そして、他のレコードにはまったく影響を与えていないことも確認してください。

先ほども説明しましたが、UPDATE命令はWHERE句で条件を指定しなかった場合、すべてのレコードが更新の対象となります。UPDATE命令は、かんたんですが強力な命令です。更新しなくてもよいレコードをうっかり更新してしまわないよう、十分に注意してください。

テーブルのデータを削除

今度は、テーブルからデータを削除してみましょう。

テーブルからデータを削除するには、「DELETE」命令を使います。DELETE命令の構文は、次のとおりです。

構文

```
DELETE FROM
    tableName
WHERE
    filter
```

オプション

tableName …………テーブル名
filter ……………………条件

DELETE命令は、SELECT命令やUPDATE命令と同様、WHERE句を指定することができます。WHERE句を指定した場合、条件に合致するレコードのみが削除の対象となります。WHERE句を指定しなかった場合、テーブルのすべてのレコードが削除の対象となります。

それでは、DELETE命令の例を見てみましょう。INSERT命令の説明の際に社員テーブルに追加した、「加藤信夫」のデータを削除してみます。SQLは、次のようになります。

```
DELETE FROM
    tbl_employee
WHERE
    code = 108
```

実行結果は次のようになります。

code	name	sex	blood	birthday	dpt_code	post_code
101	伊藤英樹	m	A	1972/2/1	10	01
102	山本大貴	m	AB	1974/9/9	20	03
103	中村千華	f	B	1976/5/21	10	04
104	小林谷男	m	O	1978/12/4	30	(NULL)
105	斎藤美桜	f	A	1980/7/14	30	(NULL)

社員テーブルから、社員コードが108である「加藤信夫」のレコードが削除されました。

DELETE命令もUPDATE命令と同様、WHERE句を指定しなかった場合、すべてのレコードが削除の対象となりますので、十分に注意が必要です。

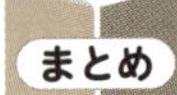

- テーブルにデータを追加するにはINSERT命令を使用する
- テーブルのデータを更新するにはUPDATE命令を使用する
- テーブルのデータを削除するにはDELETE命令を使用する

コラム 集計関数とは

SQLでは、関数を利用することができます。関数とは、データに対して操作を行いその結果を返すもので、たとえば、社員テーブルに何件のレコードが存在するかをSQLで取得するには、COUNT関数を使用します。社員テーブルのレコード件数は、次のSQLで取得することができます。

```
SELECT
    COUNT(*)
FROM
    tbl_employee
```

これをP.110の社員テーブルに対して実行すると、「5」という結果が得られます。この社員5人分の給与の合計をSQLで求めてみましょう。右のような、給与テーブルtbl_salaryがあります。

emp_code	salary
101	325000
102	482000
103	236000
104	184000
105	145000

合計を求めるには、SUM関数を使用します。SQLは、次のとおりです。

```
SELECT
    SUM(salary)
FROM
    tbl_salary
```

このSQLを実行すると、5つのレコードのすべての「salary」の値を合算した、「1372000」という結果が得られます。

COUNT関数やSUM関数は、複数のデータを集計した結果を返す関数であることから、「集計関数」と呼ばれます。

Section 06

データの定義（DDL）①
～データベースとテーブルの作成

前節では、データ操作言語（DML）について説明しましたが、本節では、データ定義言語（DDL）について説明します。DDLは、テーブルを作成したり、テーブルにフィールドを追加したりするためのSQLです。

データベースオブジェクトとは

データ定義言語について説明する前に、まずは「データベースオブジェクト」という用語について説明します。データベースオブジェクトとは、テーブルやビューなど、データベースシステムが使用する「もの」の単位のことを言います。データ定義言語は、データベースオブジェクトを生成したり、すでに生成されているデータベースオブジェクトの定義を変更したりすることができます。

データ定義言語は、大きく分けて次の3つに分けられます。

・データベースオブジェクトを生成する（CREATE命令）
・データベースオブジェクトの定義を変更する（ALTER命令）
・データベースオブジェクトを削除する（DROP命令）

それでは、実際に上記のデータ定義言語を使用してデータベースを生成したり、テーブルを更新したりする方法について見てみましょう。

データベースの作成と削除

リレーショナル型データベースの特長であるテーブルを作成するには、まずはデータベースが必要となります。データベースを作成するには、次のようなCREATE DATABASE命令を実行します。

```
CREATE DATABASE databaseName
```

オプション

databaseName ………データベース名

*databaseName*には、作成したいデータベースの名前を入力します。たとえば、「sample」という名前のデータベースを作成するには、次のようなSQLを実行します。

```
CREATE DATABASE sample
```

また、データベースを削除するには、**DROP DATABASE命令**を実行します。DROP DATABASE命令の構文は、次のとおりです。

構文

```
DROP DATABASE databaseName
```

オプション

databaseName ………データベース名

*databaseName*には、削除したいデータベースの名称を指定します。たとえば、先ほど作成した「sample」データベースを削除する場合は、次のようにします。

```
DROP DATABASE sample
```

データベースを削除すると、そのデータベースで使用していたテーブルやデータもすべて削除されてしまいますので、気を付けてください。

テーブルの作成

今度は、テーブルを作成してみましょう。テーブルを作成するには、**CREATE TABLE命令**を実行します。

構文

```
CREATE TABLE tableName (
    fieldName1        dataType1,
    fieldName2        dataType2,
    fieldName3        dataType3,
    ...
)
```

オプション

tableName …………テーブル名
fieldName …………フィールド名
dataType ……………データ型

*tableName*には、作成するテーブルの名称を指定します。

fieldName1, *fieldName2*,…には、作成するテーブルに追加するフィールドの名称を指定します。フィールドは必要な数だけ指定します。

dataType1, *dataType2*,…には、フィールドのデータ型を指定します。

それでは、実際にテーブルを作成してみましょう。次のようなテーブルを作成することにします。

■作成するテーブルの情報

テーブル名
社員テーブル（tbl_employee2）

フィールド名	データ型
社員コード（code）	INTEGER
社員名（name）	VARCHAR（40）
生年月日（birthday）	DATETIME
部署コード（dpt_code）	INTEGER
役職コード（post_code）	INTEGER
上司（manager）	INTEGER

社員コード（code）は、数値しか登録しませんので、INTEGER型にします。

社員名（name）は、可変長文字列型です。人の名前なので、40バイト（半角40文字、全角20文字）もあれば十分でしょう。

生年月日（birthday）は、日付型です。

部署コード（dpt_code）、役職コード（post_code）、上司（manager）は、数値なのでINTEGER型です。

この「社員テーブル」を作成するには、次のようなSQLを実行します。

```
CREATE TABLE tbl_employee2 (
    code        INTEGER,
    name        VARCHAR(40),
    birthday    DATETIME,
    dpt_code    INTEGER,
    post_code   INTEGER,
    manager     INTEGER
)
```

まだデータは入力していませんが、次のようなイメージのテーブルができることがわかるかと思います。

code	name	birthday	dpt_code	post_code	manager

NULLの入力を不許可に設定

テーブルは作成時にフィールドに対していくつかの制約を設けることができます。制約は、データの整合性を守るうえで重要な役割を担っています。

たとえば、特定のフィールドに対して、必ずデータを入力しなければならないような状態にしたい場合は、そのフィールドにNOT NULL制約を設定します。

フィールドをNOT NULL制約にするには、制約を設定したいフィールドの後ろに「NOT NULL」と記述します。

構文

```
CREATE TABLE tableName (
    fieldName1      dataType1 NOT NULL,
    fieldName2      dataType2,
    fieldName3      dataType3,
    ...
)
```

オプション

tableName …………テーブル名
fieldName …………フィールド名
dataType ……………データ型

上の構文では、「*fieldName1*」フィールドに対してNOT NULL制約を設定しています。NOT NULL制約が設定された「*fieldName1*」は、データを追加する際、必ず何かしらの値が設定されなければなりません。

フィールドの値を一意に設定

特定のフィールドに対して重複したデータの入力をできないようにするには、そのフィールドにUNIQUE（ユニーク）制約を設定します。

フィールドをUNIQUE制約にするには、制約を設定したいフィールドの後ろに「UNIQUE」と記述します。

構文

```
CREATE TABLE tableName (
    fieldName1      dataType1 UNIQUE,
    fieldName2      dataType2,
    fieldName3      dataType3,
    ...
)
```

オプション

tableName …………テーブル名
fieldName …………フィールド名
dataType ……………データ型

先の構文では、「*fieldName1*」フィールドに対してUNIQUE制約を設定しています。UNIQUE制約が設定された「*fieldName1*」は、他のレコードと同じ値を取ることは許されません。

UNIQUE制約下において、当該フィールドはNULL値を含むことが可能です。

デフォルト値（初期値）を設定

フィールドごとにデフォルト値（初期値）を設定しておきたい場合、テーブル作成時にフィールドの属性として設定することができます。

デフォルト値の設定は、次のとおりです。

構文

```
CREATE TABLE tableName (
    fieldName1      dataType1 DEFAULT value1,
    fieldName2      dataType2,
    fieldName3      dataType3,
    ...,
)
```

オプション

tableName …………テーブル名
fieldName …………フィールド名
dataType ……………データ型
value ……………………デフォルト値

この構文にて「*fieldName1*」フィールドに値を指定してデータを追加した場合には、その値がテーブルに保存されます。

「*fieldName1*」フィールドに値を指定せずにデータを追加した場合には、*value1*で設定したデフォルト値が自動的にテーブルに保存されます。

テーブルの削除

作成したテーブルを削除するには、DROP TABLE命令を実行します。DROP TABLE命令の構文は、次のとおりです。

構文

```
DROP TABLE tableName
```

オプション

tableName …………テーブル名

テーブルを削除すると、そのテーブルに存在するすべてのデータは消えてしまいます。

テーブルにフィールドを追加

フィールドの追加や削除など、テーブルの定義を変更するには、ALTER TABLE命令を使います。既存のテーブルに新規フィールドを追加するには、次の構文を使用します。

構文

```
ALTER TABLE tableName
    ADD fieldName dataType
```

オプション

tableName …………テーブル名
fieldname …………フィールド名
dateType ……………データ型

上の構文では、「*fieldName*」フィールドが新たに追加されるフィールドの名称です。追加されたフィールドは、すべてのレコードにおいて、値がNULLとなります。また、追加される位置はすべてのフィールドの最後尾となります。

テーブルからフィールドを削除

既存テーブルからフィールドを削除するには、次の構文を使用します(MySQL、SQL Serverの場合)。

構文

```
ALTER TABLE tableName
    DROP COLUMN fieldName
```

オプション

tableName …………テーブル名
fieldname …………フィールド名

上の構文では、「*fieldName*」フィールドが削除されるフィールドの名称です。また、Oracleデータベースでは、若干構文が違います。

構文

```
ALTER TABLE tableName
    DROP(fieldName)
```

オプション

tableName …………テーブル名
fieldname …………フィールド名

MySQLやSQL ServerからOracleに移行する方、もしくはOracleからMySQLやSQL Serverに移行する方は、構文の違いに注意が必要です。

- データベースやテーブルを作成するにはCREATE命令を使用する
- テーブルにフィールドを追加／削除するにはALTER命令を使用する
- データベースやテーブルを削除するにはDROP命令を使用する

コラム　レコードを一意にする値を自動生成する

データベースによっては、テーブルに新しいレコードが追加されるたびに特定のフィールドに対して自動的に一意となる数値を1から連番で採番する機能（自動インクリメント機能）があります。たとえば、右のようなテーブル（tbl_test）があったとします。

id	name
1	一郎
2	次郎
3	三郎

idフィールドが、自動インクリメントのフィールドです。このテーブルに対し、レコードを1件追加してみましょう。このテーブルにレコードを追加する際、id列に値の指定はできません。つまり、SQLは次のようになります。

```
INSERT INTO tbl_test (name) VALUES ('四郎')
```

すると、tbl_testの内容は次のようになります。

id	name
1	一郎
2	次郎
3	三郎
4	四郎

idフィールドに設定される値は、データベースが自動的に採番します。このフィールドは、データベースの種類によっては明示的に指定することができません。自動インクリメントフィールドに追加される値は、そのフィールドに追加されたことがある値の中で最大の値に1を加算したものとなります。

テーブルから「四郎」のデータを削除した後、再度、nameが「五郎」というレコードを1件追加してみましょう。すると、次のようになります。

id	name
1	一郎
2	次郎
3	三郎
5	五郎

新たに追加されたレコードは、今までidフィールドに設定されたことのある最大の値が4だったため、その値よりも1大きい5で追加されました。

このように、自動インクリメントのフィールドは、そのフィールド内において常に連番になるように設定されるわけではありませんので注意してください。

Section
07 データの定義(DDL)②～主キーと外部キーの設定

テーブルの作成方法について説明しましたが、今度はテーブルの作成時に主キーや外部キーを設定してみましょう。主キーや外部キーについては、P.78やP.79を参照してください。

テーブル作成時に主キーを設定

テーブルの作成時に主キーの設定を行うには、次のような構文を使用します。

構文

```
CREATE TABLE tableName (
    fieldName1      dataType1  NOT NULL    PRIMARY KEY,
    fieldName2      dataType2,
    fieldName3      dataType3,
    ...
)
```

オプション

tableName …………テーブル名
fieldName …………フィールド名
dataType ……………データ型

上の構文では、「*fieldName1*」フィールドに対して**主キー制約**を設定しています。主キー制約が設定された「*fieldName1*」は、他のレコードと同じ値を取ることは許されません。また、主キーを設定するフィールドは、NULLの入力を許可しません。

なお、主キーは、次のような構文でもテーブル作成時に設定することができます。

構文

```
CREATE TABLE tableName (
    fieldName1      dataType1   NOT NULL,
    fieldName2      dataType2   NOT NULL,
    fieldName3      dataType3,
    ...
    PRIMARY KEY (fieldName1, fieldName2)
)
```

オプション

tableName …………テーブル名
fieldName …………フィールド名
dataType ……………データ型

上の構文では、「*fieldName1*」フィールドと「*fieldName2*」フィールドに対して主キー制約を設定しています。主キーは、テーブルに1つしか設定することはできませんが、複数のフィールドで1つの主キーを構成することができます（P.80参照）。

テーブル作成時に外部キーを設定

テーブルの作成時に外部キーの設定を行うには、次の構文を使用します。

構文

```
CREATE TABLE tableName1 (
    fieldName1 dataType NOT NULL REFERENCES tableName2(fieldName2),
    ...
)
```

オプション

tableName1 ………外部キーを設定するテーブル名
tableName2 ………外部参照されるテーブル名
fieldName1 ………外部キーを設定するフィールド名
fieldName2 ………外部参照される*tableName2*のフィールド名
dataType ……………データ型

外部参照されるフィールド（*fieldName2*）は、テーブル（*tableName2*）の主キーでなければなりません。さもないと、外部キー（*fieldName1*）1つに対して外部参照されるテーブル（*tableName2*）のレコードを1件に絞り込めないからです。

外部キーは次のような構文でも設定できます。

構文

```
CREATE TABLE tableName1 (
    fieldName1 dataType NOT NULL,
    ...
    FOREIGN KEY(fieldName1) REFERENCES tableName2(fieldName2)
)
```

オプション

tableName1 ………外部キーを設定するテーブル名
tableName2 ………外部参照されるテーブル名
fieldName1 ………外部キーを設定するフィールド名
fieldName2 ………外部参照される*tableName2*のフィールド名
dataType ……………データ型

既存テーブルに主キーを設定

今度は、既存テーブルに主キーや外部キーを設定する方法について説明しましょう。既存テーブルに対して主キーの設定を行うには、次のような構文を使用します。

構文

```
ALTER TABLE tableName
    ADD CONSTRAINT keyName PRIMARY KEY(fieldName1, fieldName2)
```

オプション

tableName …………テーブル名
keyName ……………キー名
fieldName …………フィールド名

上の構文では、「*fieldName1*」フィールドと「*fieldName2*」フィールドに対して主キー制約を設定しています。

キー名は設定する外部キーの名称です。「CONSTRAINT keyname」を省略すると、データベースシステムが任意のキー名を設定します。

たとえば、社員テーブルの社員コードに主キーを設定する場合は、次のようになります。

```
ALTER TABLE tbl_employee
    ADD CONSTRAINT pkey_employee PRIMARY KEY (code)
```


既存テーブルに外部キーを設定

既存テーブルに対して外部キーの設定を行うには、次の構文を使用します。

構文

```
ALTER TABLE tableName1
    ADD CONSTRAINT keyName
        FOREIGN KEY (fieldName1) REFERENCES tableName2 (fieldName2)
```

オプション

tableName1 ………外部キーを設定するテーブル名
tableName2 ………外部参照されるテーブル名
fieldName1 ………外部キーを設定するフィールド名
fieldName2 ………外部参照される*tableName2*のフィールド名
keyName ……………キー名

上の構文では、テーブル「*tableName1*」のフィールド「*fieldName1*」に対して、テーブル「*tableName2*」のフィールド「*fieldName2*」を外部参照するように設定します。

キー名は設定する外部キーの名称です。「CONSTRAINT keyname」を省略すると、データベースシステムが任意のキー名を設定します。

フィールドからキーを削除

既存テーブルに対して主キーや外部キーを削除するには、次の構文を使用します。

構文

```
ALTER TABLE tableName
    DROP CONSTRAINT keyName
```

オプション

tableName …………テーブル名
keyName ……………キー名

*keyName*には、キーの名称を指定します。指定するキーの種類は、主キーでも外部キーでも構いません。

また、主キーは次の構文でも削除することができます。

構文

```
ALTER TABLE tableName
    DROP PRIMARY KEY
```

オプション

tableName …………テーブル名

主キーはテーブルに1つしか設定することができませんので、キー名を指定する必要はありません。

- **主キーおよび外部キーはテーブル作成時にキーに含める列名を指定して作成する**
- **主キーおよび外部キーはテーブル作成後にCREATE命令で作成することもできる**
- **主キーおよび外部キーはDROP命令で削除できる**

Section 08

データの定義（DDL）③ ～インデックスとビュー

ここでは、P.91やP.92でも解説したインデックスやビューの作成方法を紹介します。また、一時的に作成して参照できるテンポラリテーブルについても解説します。

インデックスの作成

インデックスの作成には、テーブル作成時に行う場合とテーブル作成後に行う場合の2パターンがあります。

テーブル作成時にインデックスを作成するには、CREATE TABLE命令を次のように記述します。

構文

```
CREATE TABLE tableName (
    fieldName1      dataType1,
    fieldName2      dataType2,
    fieldName3      dataType3,
    ...
    INDEX indexName(fieldName1, fieldName2)
)
```

オプション

tableName …………テーブル名
fieldName …………フィールド名
dataType ……………データ型
indexName …………インデックス名

上の構文では、「*fieldName1*」フィールドと「*fieldName2*」フィールドに対してインデックスを設定しています。このように、インデックスは、1つのインデックスに対して複数のフィールドを指定することもできます。

また、テーブル作成後にインデックスを作成するには、CREATE INDEX命令を使用する場合と、ALTER TABLE命令を使用する場合の2とおりあります。

CREATE INDEX命令を使ってインデックスを作成する場合は、次のようになります。

構文

```
CREATE INDEX indexName
    ON tableName(fieldName1, fieldName2)
```

オプション

tableName …………テーブル名
indexName …………インデックス名
fieldName …………フィールド名

ALTER TABLE命令を使ってインデックスを作成する場合は、次のようになります。

構文

```
ALTER TABLE tableName
    ADD INDEX indexName(fieldName1, fieldName2)
```

オプション

tableName …………テーブル名
indexName …………インデックス名
fieldName …………フィールド名

上の2つの構文では、「*fieldName1*」フィールドと「*fieldName2*」フィールドに対してインデックスを設定しています。

ちなみに、CREATE TABLE命令とALTER TABLE命令でインデックスを作成する場合、インデックス名は省略することが可能です。また、主キーに設定された項目は、自動的にインデックスが作成されます。

インデックスの削除

作成済みのインデックスを削除するには、DROP INDEX命令を使用します。構文は、次のとおりです。

構文

```
DROP INDEX indexName
```

オプション

indexName …………インデックス名

ビューの作成

必要なデータがいろいろなテーブルにまたがっている場合、ビューを作成しておくとデータ抽出がとても容易になります。ビューの作成には、CREATE VIEW命令を使用します。CREATE VIEW命令の構文は、次のとおりです。

構文

```
CREATE VIEW viewName(fieldName1, fieldName2, …) AS
    selectStatement
```

オプション

viewName ……………ビュー名
fieldName ……………フィールド名
selectStatement………SELECT命令

実際に、ビューを作成してみましょう。以下は、役職についている社員の一覧を取得できるビューです。ビューの項目は、社員テーブルより社員コードと社員名、役職テーブルより役職コードと役職名を抽出します。

```
CREATE VIEW v_post_list (
    post_code,
    post_name,
    emp_code,
    emp_name
) AS
    SELECT
        post.code,
        post.name,
        emp.code,
        emp.name
    FROM
        tbl_post AS post,
        tbl_employee AS emp
    WHERE
```

```
        post.code = emp.post_code
```

SELECT命令で取得される項目数と、CREATE VIEW命令で指定する項目数は一致させる必要があります。ビューの各項目のデータ型は、参照元のテーブルの各フィールドと同じになります。

さて、このビューからデータを取得してみましょう。

```
SELECT
    *
FROM
    v_post_list
ORDER BY
    post_code,
    emp_code
```

実行結果は以下のとおりです。

post_code	post_name	emp_code	emp_name
01	部長	101	伊藤英樹
02	課長	102	山本大貴
04	係長	103	中村千華

ビューは、テーブルと同じように、SELECT命令でデータを取得することができます。このビューの実行結果は、ビューを定義したときのSELECT命令の実行結果と同じです。

ちなみに、ビューはデータの参照ばかりでなく、追加や更新、削除も行うことができます。

しかし、SUM関数やCOUNT関数といった集計関数（P.144参照）、GROUP BY句（P.176参照）やUNION演算子（P.135参照）などを使用している場合はデータ参照しかできません。そのため、アプリケーションからビューに対してデータの更新などを行うように設計した場合、そのビューでは今後、集計関数やUNION演算子が使えなくなってしまいます。

ビューに対してデータの変更処理を行うのであれば、実テーブルに対して行う場合と何ら変わりはありませんので、ビューに対するデータ操作はデータ参照のみに留めておいたほうがよいかもしれません。

ビューの定義を変更

ビューの定義を変更するには、ALTER VIEW命令を使用します。

構文

```
ALTER VIEW viewName(fieldName1, fieldName2, …) AS
    selectStatement
```

オプション

viewName ……………ビュー名
fieldName ……………フィールド名
selectStatement………SELECT命令

ALTER VIEW命令では、ビューを構成するSELECT命令を変更することができます。

```
ALTER VIEW v_post_list (
    emp_code,
    emp_name,
    post_code,
    post_name
) AS
    SELECT
        emp.code,
        emp.name,
        post.code,
        post.name
    FROM
        tbl_post AS post,
        tbl_employee AS emp
    WHERE
        post.code = emp.post_code
```

ビューは、次のように変更されました。

emp_code	emp_name	post_code	post_name
101	伊藤英樹	01	部長
102	山本大貴	02	課長
103	中村千華	04	係長

ALTER VIEW命令はANSI標準ではないので、実装されていないデータベースシステムもあります。ALTER VIEWが実装されていないデータベースシステムを使う場合、ビューの定義を更新するときは次に説明するDROP VIEW命令でいったんビューを削除し、再度CREATE VIEW命令でビューを再作成します。

ビューの削除

既存のビューを削除するには、DROP VIEW命令を使用します。

構文

```
DROP VIEW viewName
```

オプション

viewName …………ビュー名

先ほど作成したビューを削除してみることにしましょう。その場合、SQLは次のようになります。

```
DROP VIEW v_post_list
```

指定したビュー名が存在しない場合、エラーとなります。ビューが削除されても、参照元の実テーブルが削除されるわけではありませんし、参照元テーブルのデータが削除されるわけでもありません。

テンポラリテーブルの作成

使用するデータベースの種類によって、一時的に使用するだけの仮テーブルを作成することができます。これをテンポラリテーブルと言います。これに対し、通常のテーブルは実テーブルという言い方をします。

テンポラリテーブルの作成方法や挙動に関しては、データベースの種類によってさまざまですが、SQLの構文自体はANSIによって標準化されています。テンポラリテーブルの作成は、CREATE TEMPORARY TABLE命令を使用します。構文は、次のとおりです。

構文

```
CREATE TEMPORARY TABLE tableName (
    fieldName1      dataType1,
    fieldName2      dataType2,
    fieldName3      dataType3,
    ...
)
```

オプション

tableName …………テンポラリテーブル名
fieldName …………フィールド名
dataType ……………データ型

「CREATE」と「TABLE」の間に「TEMPORARY」が入っていること以外は、通常のCREATE TABLEの構文と同じです。

CREATE TABLEで作成した実テーブルとの違いは、自分以外の他の接続先からはそのテーブルを見ることができない点です。

■テンポラリテーブルは自分からしか見えない

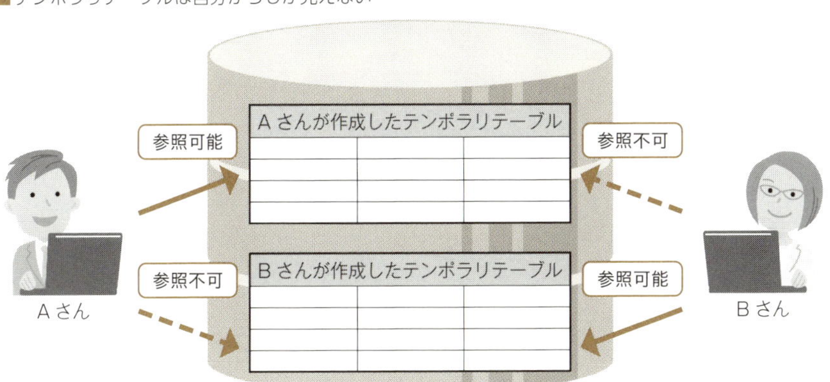

また、テンポラリテーブルは、データベースの接続状態が切れると同時に自動的に削除されます。また、自分が作成したテンポラリテーブルと同じ名前のテンポラリテーブルを他の接続先から作成した場合は、まったく別のテーブルとしてみなされます。

テンポラリテーブルは、DROP TABLE命令により明示的に削除することもできます。

- インデックスを作成／削除するにはCREATE INDEX命令とDROP INDEX命令を使用する
- ビューを作成／削除するにはCREATE VIEW命令とDROP VIEW命令を使用する
- ビューの定義を変更するにはALTER VIEW命令を使用する
- 一時的に使用する仮テーブルの作成にはCREATE TEMPORARY TABLE命令を使用する

Section

09 データベースのコントロール(DCL)

ここでは、データベースをコントロールするためのSQL言語である(DCL)について、説明します。DCLには、P.99で説明したトランザクション処理が該当します。

トランザクション処理の流れ

整合性が重要なデータを操作する場合、トランザクション処理を行うべきです。データベースシステムの種類によってはトランザクション処理が使用できないものもあります。トランザクションを使用することで、INSERT命令、UPDATE命令、DELETE命令の実行を無効にすることができます。

トランザクションを開始する場合、BEGIN TRANSACTION命令を実行します。

構文

```
BEGIN TRANSACTION
```

データベースシステムの種類によって、「BEGIN」の後ろの「TRANSACTION」を「TRAN」と略すこともできます。

実際に、社員テーブルの更新にトランザクション処理を使用してみましょう。まずは、トランザクションを開始します。

```
BEGIN TRANSACTION
```

次に、社員テーブルの一部データを変更してみましょう。たとえば、社員コード「104」の社員名を、「小林谷男」から「鈴木谷男」に変更してみます。

```
UPDATE
    tbl_employee
```

```
SET
    name = '鈴木谷男'
WHERE
    code = 104
```

社員コード「104」の社員名が、「小林谷男」から「鈴木谷男」に変更されているのを確認することができます。

code	name	sex	blood	birthday	dpt_code	post_code
104	鈴木谷男	m	O	1978/12/4	30	(NULL)

さて、トランザクション処理中だと、何が変わっているのでしょう？

トランザクションのロールバック

トランザクション処理中のデータ操作は、ロールバックすることでトランザクション開始時点の状態にデータベースを戻すことができます。ロールバックを行うと、その時点でトランザクションは終了します。

トランザクションのロールバックには、ROLLBACK命令を実行します。

構文

```
ROLLBACK
```

では、先ほどの社員テーブルの更新を、ロールバックしてみましょう。

```
ROLLBACK
```

その後、もう1度社員テーブルの中を見てみましょう。

code	name	sex	blood	birthday	dpt_code	post_code
104	小林谷男	m	O	1978/12/4	30	(NULL)

ご覧のとおり、社員コードが「104」の社員名が、「小林谷男」に戻っています。このように、INSERT、UPDATE、DELETEの各命令によって変更されたデータは、ロールバックによってトランザクション開始前の状態に戻すことができます。

トランザクションのコミット

トランザクション開始以降の処理を確定し、トランザクションを終了する場合は、トランザクションのコミットを行います。トランザクションのコミットには、COMMIT命令を実行します。

構文

```
COMMIT
```

今度は、もう1度トランザクションを開始してから社員テーブルに先ほどと同じ更新を行ない、その後コミット命令を実行してみます。

```
COMMIT
```

社員テーブルの中を見てみましょう。

code	name	sex	blood	birthday	dpt_code	post_code
104	鈴木谷男	m	O	1978/12/4	30	(NULL)

今度は、「小林谷男」から「鈴木谷男」に変更されました。トランザクションは確定されましたので、もうロールバックをすることはできません。

このように、トランザクションを開始した後の更新処理を取り消したい場合はロールバック命令を、確定したい場合はコミット命令を実行します。

まとめ

- トランザクションの開始にはBEGIN TRANSACTION命令を使う
- トランザクションの完了にはCOMMIT命令を使う
- トランザクションの取り消しにはROLLBACK命令を使う

Section 10

拡張SQL

ストアドプロシージャやストアドファンクションを使えば、プログラミング言語のような制御命令を使用することが可能です。これらを、拡張SQLと呼びます。拡張SQLは、データベースシステムによって仕様が異なります。

拡張SQLとは

ストアドプロシージャやストアドファンクション、トリガーを使えば、C言語やVisual Basicと同様に制御命令を使用することができます。制御命令とは、特定の条件によって処理を分岐させたり、同じ処理を何度も繰り返して行ったりする命令群のことを言います。これらの制御命令は、基本的なSQL命令と区別するために、**拡張SQL**と呼ばれます。

拡張SQLは、データベースシステム独自の「方言」が強く見られるため、本書ではかんたんに説明するのみに留めます。拡張SQLでは、おもに次のような処理が行えます。

■拡張SQLの例

変数の定義	SELECT命令の実行結果を変数に入れておくことで、その結果を保存しておくことができる
順次処理	SQLを1つずつ上から順番に実行することができる
条件による分岐処理	変数の値によって実行する処理を切り分けることができる
繰り返し処理	同じ処理を何度も繰り返して実行することができる
カーソルの定義	SELECT命令の実行結果1件単位で個別の処理を行うことができる
例外処理	SQLでエラーなど特殊な事態が発生した場合、実行中の処理を中断して例外的な措置を行うことができる

ストアドプロシージャとは

P.108でも説明したように、SQLは1つの命令で完結する非手続き型言語です。つまり言語に流れはなく、命令は単発で終わります。単発であるがゆえ、1回のSQL実行では希望するデータ操作を行えないという事態が発生してしまいます。そのため、データベース側にてまとまった処理をSQLで行いたい場合、拡張SQLである「ストアドプロシージャ」(Stored Procedure) を使用します。

ストアドプロシージャとは、データ操作のみならず、リレーショナル型データベースに対する一連のデータ処理命令をまとめたものです。

ストアドプロシージャは、リレーショナル型データベースに保存されます。ストアドプロシージャの実行時に引数（プログラムを実行するときに渡す固定値）やパラメータ（プログラムを実行する時に渡す可変値）を指定することで、データ処理の内容を分岐したりデータ処理の実行結果をアプリケーション側に戻したりすることができます。

ストアドプロシージャの利点

複雑なデータ処理をSQLで行う場合、ストアドプロシージャを用いたほうが、処理速度が速くなる場合があります。その理由として、ストアドプロシージャを使わなかった場合、目的とするデータ処理を達成するためにはアプリケーションからデータベースに対して複数回にわたりSQLを発行しなければならないかもしれません。その都度、アプリケーションはデータベースに接続する必要があります。

しかし、ストアドプロシージャを使えば、アプリケーションがストアドプロシージャを実行するためにデータベースに接続する回数は1回だけで済みます。その分、データベースに接続するための時間を短縮することができるのです。

そのほかにも、ストアドプロシージャを使ったほうが、データ処理の仕様が変更になったときの修正がかんたんに済む場合があります。アプリケーション側で修正を行った場合、すでに配布済みのアプリケーションをすべてのユーザーに再配布する必要があるからです。

■ストアドプロシージャの利点①

ストアドプロシージャを使わなかった場合

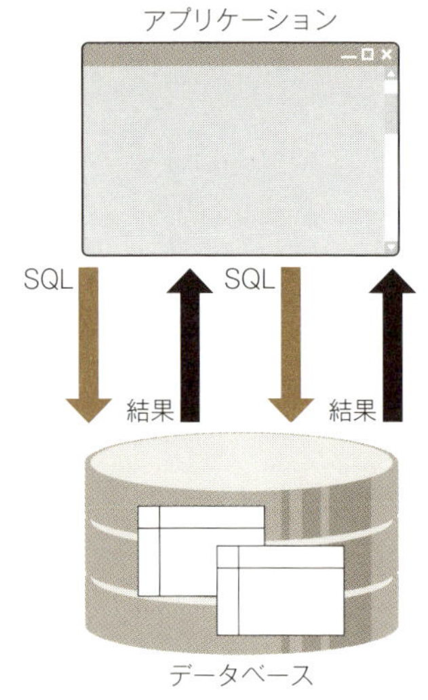

目的のデータ操作を達成するために、データベースとのやりとりを何度も行う必要がある

ストアドプロシージャを使った場合

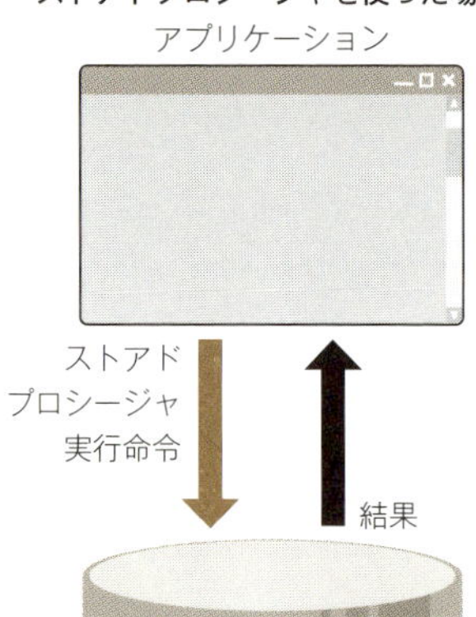

データベースとのやりとりは、データベースに保存されているストアドプロシージャの実行命令と、その結果通知のみ

■ストアドプロシージャの利点②

ストアドプロシージャを使用しなかった場合

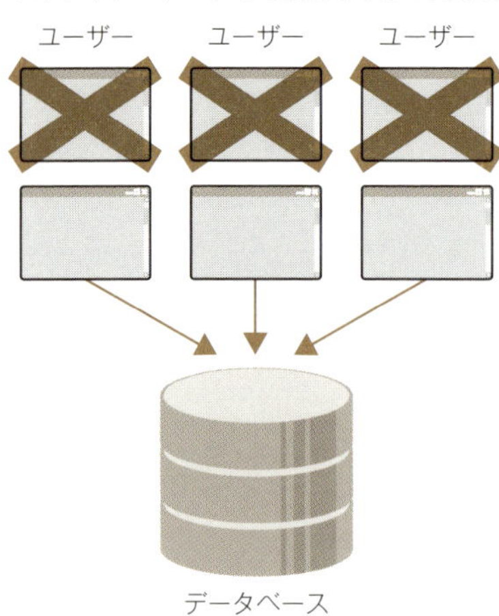

すべてのユーザーの
アプリケーションを入れ替え

ストアドプロシージャを使用した場合

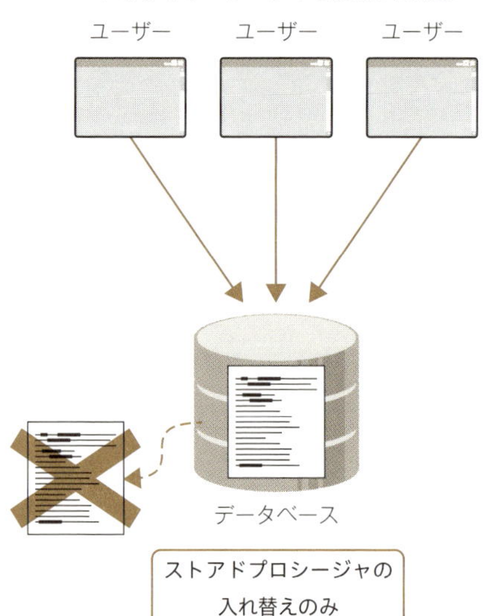

ストアドプロシージャの
入れ替えのみ

ストアドファンクションとは

「ストアドファンクション」(Stored Function) とは、データベースの開発者が作成可能な関数のことです。関数とは、受け取ったデータを処理して結果を返す、一連の命令群です。ストアドプロシージャと同じように、複雑なSQL命令を行いたい場合に便利です。データベースシステムの種類によっては、単一の値を関数の戻り値として返すだけでなく、テーブル構造を関数の戻り値として返すこともできます。

ストアドファンクションもストアドプロシージャと同様、命令の順次実行、分岐、繰り返しを行うことができますが、呼び出し元に必ず値を返すところがストアドプロシージャとは異なります。また、パラメータも入力のみです。

トリガーとは

トリガー (Trigger) とは、日本語で (銃の) 引き金を意味します。銃のトリガーは、引き金を引くことがきっかけで銃口から弾丸を発射します。データベースのトリガーは、テーブルに対してデータの追加や削除、更新といった何らかのデータ変更が行われたことをきっかけに、あらかじめ用意してあったSQLを実行します。

トリガーを作成するには、

- トリガーを作成するテーブル (引き金を引くテーブル)
- トリガーによって作動するSQLの対象となるテーブル (銃口が向けられるテーブル)
- トリガーを作動する条件 (引き金を引く条件)

を決める必要があります。

効果的なトリガーの例として、あるテーブルのデータが変更されたとき、変更前のデータを別のテーブルに変更履歴として保存しておくためのしくみを挙げることができます。

トリガーを使わずに実装する場合、データを更新するアプリケーション側であらかじめ変更前のデータを取得し、それを別のテーブルに保存してから目的のテーブルのデータを更新する必要があります。

しかし、トリガーを使って実装する場合、変更前のデータを別のテーブルに保存する処理はデータベースが勝手にやってくれるので、アプリケーション側では目的のテーブルを更新するところだけを意識すればよいことになります。

コメントとは

SQLには、コメントを記述することができます。コメントとは注釈のことで、コメントの有無はSQLの実行時に影響を与えません。とくに拡張SQLの場合、処理の流れを理解しやすくするために、コメントを付けることをお勧めします。

コメントには、以下の2とおりの付け方があります。

コメント①

構文

```
/* [コメント] */
```

コメント②

構文

```
-- [コメント]
```

コメント①では、「/*」と「*/」で囲まれた部分がコメントとしてみなされます。改行もコメントとして認識されます。たとえば、以下の3行は、すべてコメントとして扱われます。

```
/*
これはコメントです。
*/
```

コメント②の場合、「--」からその後の改行位置までがコメントとしてみなされます。次のような場合、1行目と3行目はコメントになりますが、2行目はコメントではありません。SQLとして認識されます。

```
-- これはコメントです。
SELECT * FROM tbl_employee;
-- 上のSQLはコメントではありません。
```

コメントは、不要となった一部のSQLをコメント化することで実行時に読み飛ばすようにするときなどにも使用します。これを、「コメントアウト」と言います。

たとえば、次のような使い方が「コメントアウト」の一例です。

```
/* 社員テーブル */
SELECT
    code,       /* 社員コード */
    name,       /* 社員名 */
    birthday    /* 生年月日 */
FROM
    tbl_employee
WHERE
--  birthday >= '1970-04-01'
    birthday >= '1980-04-01'
```

上のSQLでは、「birthday」が「1970-04-01」以上を抽出条件としている行がコメントになっています。つまり、コメントアウトされています。代わりに、その下に「birthday」が「1980-04-01」以上を抽出条件とする行があります。これは、おそらく仕様変更によって以前は“「birthday」が「1970-04-01」以上を抽出条件”としていたものが、“「birthday」が「1980-04-01」以上を抽出条件”とするようになったのではないかと推測することができます。

まとめ

- **拡張SQLを使えば手続き型言語のような流れのあるSQLを作成できる**
- **拡張SQLはデータベースシステムの種類によって仕様が異なる**
- **拡張SQLにはストアドプロシージャやストアドファンクションなどがある**

コラム レコードをグループ化するGROUP BY句

P.110の社員テーブルとP.111の部門テーブルを等結合し、部門ごとの社員の人数をSQLで求めてみましょう。社員の人数を集計するにCOUNT関数を使用しますが（P.144参照）、部門ごとに集計するにはグループ化という処理を行います。SQLは、次のようになります。

```
SELECT
    dpt.code AS dpt_code,
    dpt.name AS dpt_name,
    COUNT(*) AS emp_cnt
FROM
    tbl_employee AS emp,
    tbl_department AS dpt
WHERE
    emp.dpt_code = dpt.code
GROUP BY
    dpt.code,
    dpt.name
ORDER BY
    dpt.code
```

このSQLを実行すると、次のような結果が得られます。

dpt_code	dpt_name	emp_cnt
10	総務部	2
20	営業部	1
30	開発部	2

GROUP BY句にはフィールド名をカンマ区切りで指定します。GROUP BY句に指定されたフィールドは1つのレコードに集約され、そのグループ化された単位で集計関数の結果を求めることができます。

この例のように集計関数をGROUP BY句によってグループ化する場合、抽出する項目は必ず集計関数によって集計対象となっているか、もしくはGROUP BY句によってグループ化される対象となっている必要があります。

つまり、この例でいえば、GROUP BY句に含まれる「dpt.name」（部門名）は関係ないように見えるかもしれません。部門コード（dpt.code）でグループ化されていれば良いように思えるからです。しかし、実際にはGROUP BY句に「dpt.name」が指定されていないと、エラーとなります。

第5章

データベースアプリケーション開発について知ろう

Section 01

データベースアプリケーションの開発手法

データベースアプリケーションの開発にあたり、まずは、開発を進めるための手法について解説します。ここでは、ウォーターフォール型開発とアジャイル型開発について見てみます。

ウォーターフォール型開発とアジャイル型開発

システム開発の手法には、大きく分けて次の2つが一般的です。

・ウォーターフォール型開発
・アジャイル型開発

この2つの開発手法について、それぞれの特徴を見てみましょう。

ウォーターフォール型開発

ウォーターフォール型開発は、以下のような段階を順序立てて進めながら開発を行う手法です。

①要件定義
②概要設計
③詳細設計
④プログラミング
⑤単体テスト
⑥総合テスト

おのおのの段階に進んだ場合、基本的に前の工程への戻りがないように開発を進めます。たとえば⑤の単体テストの時点で③の詳細設計に漏れが発覚した場合、③の詳細設計から④のプログラミング、そしてふたたび⑤の単体テストと、以降すべての工程にやり直しの作業が発生してしまうためです。

開発手法があたかも高いところから低いところへ水が流れるかのごとく開発が進むため、ウォーターフォール型開発と呼ばれています。

■ウォーターフォール型開発

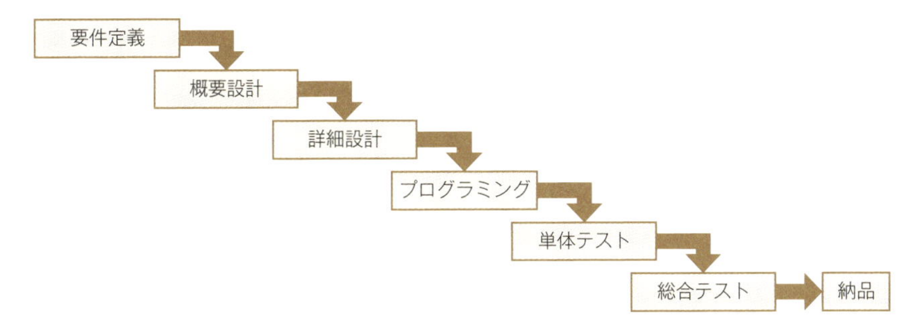

アジャイル型開発

アジャイル型開発は、要件定義からテストまでを何度も繰り返して開発を行う手法のことです。詳細設計に漏れが発覚したり、仕様が変わったりしても改善しやすいのが特徴です。

■アジャイル型開発

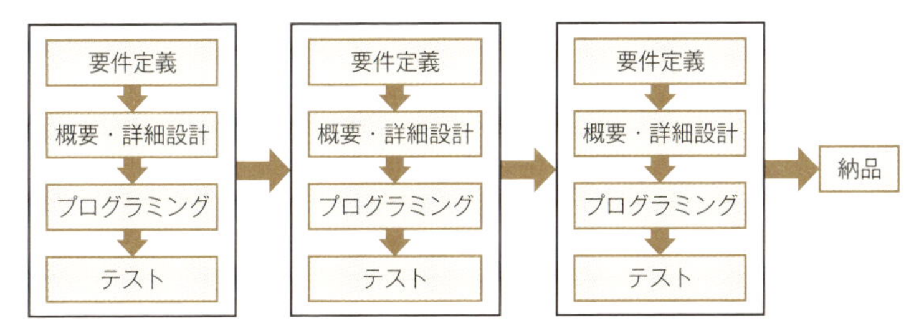

データベースアプリケーションの開発において、最も重要なのは業務で使用するデータの選別です。選別したデータを基に、テーブルやビューなどのデータベースオブジェクトを決定します。データの選別に漏れがあると、発覚した時点でデータベースオブジェクトの変更が発生し、ひいては関連するアプリケーションの修正が必要となります。

まとめ

- **システム開発の手法にはウォーターフォール型とアジャイル型がある**
- **ウォーターフォール型は工程を段階的に分割し順序立てて開発を進める**
- **アジャイル型は要件定義からテストまでを何度も繰り返して開発を進める**

Section 02

データベースアプリケーションの開発手順

ウォーターフォール型開発を例に、データベースアプリケーションの開発手順を見てみましょう。もっとも重要なのは、「なぜシステムが必要となったのか」を理解することです。

データベースアプリケーションの開発手順

P.178の①〜⑥をもとに、データベースアプリケーションの開発手順をまとめると以下のようになります。

■データベースアプリケーションの開発手順

要件定義	業務の内容を理解し、業務で使用するデータを選別する
概要設計	業務の流れを考慮して扱うデータのサイズやトラフィックなど、さらにはシステム開発のしやすさを考慮し、使用するデータベースサーバーとデータベースシステムを選別する
詳細設計	各データの関連性をもとに、テーブル設計を行う。テーブルからのデータを操作しやすいよう、ビュー、トリガー、ストアドファンクション、ストアドプロシージャといったデータベースオブジェクトの作成を考慮する
プログラミング	ユーザー側のインターフェイスとなるクライアント側のアプリケーションを開発する
単体テスト	開発したシステムをこまめに検証する
総合テスト	すべての開発が完了した後、システムの総合的な検証を行う
納品	

それぞれについて、細かく見ていきましょう。

要件定義～システムの目的を明確に

どんなに遅れているプロジェクトであっても、データベース設計がうやむやなままシステム開発を進めるのは、愚の骨頂です。もし設計をやり直す必要が出てきた場合、それまで開発したアプリケーションを作り直すことになるかもしれません。

データベース設計の難易度は、開発するシステムの規模によって大きく異なります。しかしシステムの規模を問わず、データベース設計を始める前に必ずその**システムの目的を明確にする**必要があります。

まずは、これから開発するシステムはなぜ必要とされているのか、これをしっかり理解しましょう。これが、**「要件定義」**という工程です。そのためには、情報収集が必要です。既存システムからの移行であれば、既存システムを詳細まで調査しましょう。ユーザーは新しいシステムに何を求めているのか、現行業務の問題点をしっかりと洗い出すことが大切です。

概要設計～データベースに格納するデータの選別

データベースアプリケーションの開発にあたり、要件定義後の設計における手始めとしては、データベースに格納するデータを選別するところから始めるのが通例です。そして、それらのデータをどのようにテーブルに保管するか、どのように関連付けを行うかを決定します。これを、**DAO**（Data Oriented Approach：**データ中心設計**）と言います。

データベースに保管するデータは、取引先のデータや売上・仕入れデータ、自社に関するデータなど、システムの目的によってさまざまです。データベースに保管するデータの選別が完了したら、今度はそれをどのようにテーブルに格納するかを決めます。

ここで重要なのは、レコードを特定するための主キーとなるフィールドを設けることです。主キーは、リレーショナル型データベースにおいて、他のテーブルを関連付けするために必要となります。リレーショナル型データベースは、さまざまなデータを互いに関連付けすることに利点があります。必要とするデータを取り出しやすく、また更新しやすいように設計を行います。これはシステムの利用目的により、次の2つのタイプにデータベースアプリケーションを大別することができます。

オンライントランザクション処理

まず1つ目は、オンライントランザクション処理と呼ばれるもので、頻繁に変更されるデータを管理する場合に適用します。オンライントランザクション処理は、多数の使用者が同時にデータベースにアクセスしてトランザクションを実行することを想定しています。このデータベースの例としては、銀行のATMシステムやネットショッピングの購買システムなどがあります。オンライントランザクション処理のデータベースは、1つ1つのトランザクションを短くすることでロック時間を最小限にし、また更新するテーブルの項目を最小限にとどめてパフォーマンスを向上させるなどの工夫が必要となります。

意思決定支援

2つ目は、意思決定支援と呼ばれるもので、データがめったに更新されないシステムを開発する場合に適用します。たとえば、会社の売上データを社員別や部門別に分析したり、地域別にどの製品の売れ筋がよいのかなどを分析したりするシステムが意思決定支援に該当します。意思決定支援の場合、データが更新されることが少ないので、データ検索のパフォーマンスを上げるためにインデックスを多用します。また、参照するテーブルの数を減らしてパフォーマンスを向上させます。

詳細設計～データベースオブジェクトの定義

データの選別が完了したら、今度はそれらのデータをどのようにテーブルに格納するかを考えます。テーブル設計には、正規化の知識が必要です。正規化については、P.94をご覧ください。

テーブル設計が完了したら、今度はテーブル以外のデータベースオブジェクトを考えます。

ビュー

ビューを利用することで、正規化されたテーブルを再度関連付けし直し、必要なデータを取得するためのSELECT命令を簡略化することができます。

トリガー

あるテーブルを更新した際、さらに別のテーブルも同時に更新したり、特定の値が代入される場合は別の値に置き換えたりするなど、テーブルの更新を引き金（トリガー）としてデータベースに何かしらのアクションを指定することができます。クライアント側のアプリケーションの実装を簡略化することが可能です。

ストアドプロシージャ

複数のSQLをまとめて実行したい場合、ストアドプロシージャを使えば条件分岐や繰り返しといった構造化されたSQLを実行することができます。ストアドプロシージャを使用することで、データベースアプリケーション側に処理を戻さずに複数のSQLを連続して実行することができるため、その分オーバーヘッドを削減することができます。

ストアドファンクション

ストアドファンクションは、SQLで使用する関数です。ストアドファンクションには、単一の値を返す関数や、テーブルのような2次元配列でデータを返すものがあります。複雑なSQLを簡略化するときに役立ちます。

たまたま筆者の周りがそうなのかもしれませんが、ここで述べたデータベースオブジェクトのうちビューは知っているものの、他のデータベースオブジェクトについては使ったことがない、もしくは存在さえ知らないというアプリケーション開発者が多いようです。これらのデータベースオブジェクトを使いこなせるようになれば、開発チームの「オンリーワン」的な存在になれるかもしれません。

プログラム開発～クライアント側アプリケーションの開発

データベースオブジェクトを作成し、データベースの設計と構築が完了したら、次はそれらを利用するクライアント側のアプリケーションの開発に入ります。このクライアント側のアプリケーションが、ユーザーとの接点となるインターフェイスで、**ユーザーインターフェイス**（UI：User Interface）と呼ばれています。

このクライアント側のアプリケーションを通して、ユーザーが入力（Input）した内容がデータベースに格納され、集計を行い帳票などを出力（Output）

します。ユーザーの立場からすれば、このInputとOutputしか目に触れないのは当然で、その処理の過程でデータベースがどのような処理をしているのか、知る術もありません。しかしシステムを開発するうえで、このユーザーインターフェイスが開発者の頭に入っていなければ、そもそものデータの選別やデータベース設計ができません。

プログラミング言語の種類

クライアント側のアプリケーションを開発するためのプログラミング言語としては、次のようなものが一般的です。

■プログラミング言語の種類と特徴

プログラミング言語の名前	特徴
Java	C、C++を基に開発された。開発現場でよく使われている
C	古くからある言語。自由度が高い分難易度も高い
C++	Cにオブジェクト指向の概念が加わっている。難易度高
Visual Basic（VB）	初心者向け言語であるBASICが基になっている。難易度低
Visual Basic.NET（VB.NET）	.NET Framework上で動作するVB。オブジェクト指向の概念が取り入れられている
Visual C#	VB.NETと同じく、.NET Framework上で動作する。こちらもオブジェクト指向言語
Visual C++	.NET Framework上で動作するC++言語。オブジェクト指向言語
VBScript	スクリプト言語と呼ばれる簡易プログラミング言語のうちのひとつ。基がBASICのため、難易度はかなり低い
JavaScript	Javaの構文が使用されているスクリプト言語。Webページでよく使用されている。クライアントサイドスクリプト言語
Perl	強力な文字列操作で知られているプログラミング言語
PHP	Web上で動作するプログラムを開発するときによく利用される。サーバーサイドスクリプト言語の1つ。難易度は低い
Python	オブジェクト指向の概念が取り入れられているスクリプト言語
Ruby	「まつもとゆきひろ」氏によって開発された、日本が誇る世界のプログラミング言語。オブジェクト指向のスクリプト言語

ユーザーがシステムを利用する環境によってプログラミング言語が選ばれるのが通例で、たとえばWebアプリケーションの開発であればプログラミング言語としてPHP、データベースシステムとしてMySQLが選択される場合が多いですし、Windowsアプリケーションの開発であれば、プログラミング言語として.NET Framework系のプログラミング言語であるC#やVB.NET、データベースシステムとしてSQL Serverが選択される場合が多いようです。

ここに挙げたプログラミング言語は、リレーショナル型データベースのアプリケーションの開発に適した言語仕様となっており、データベースアプリケーション開発向けのプログラミング言語です。

単体テスト～単体テストは自動化を考慮

クライアント側アプリケーションの開発が完了したら、随時（テストが可能なレベルのプログラミング単位で）、プログラムの単体テストを行います。単体テストは頻繁に行い、なるべく小さなプログラミング単位で行うことで、バグの混入を早期に防ぐことができます。

また、プログラムの単体テストは自動化することをお勧めします。プログラムの単体テストは、プログラミング言語によって専用のツールが存在します。Microsoft社が提供する開発環境「Visual Studio」の場合、有償版には単体テストツールが付属されています。

さらに、単体テストはソースコード管理システムと併用すると効果的です。ソースコード管理システム（バージョン管理システムとも言います）は、プログラムのソースコードを管理するためのシステムで、管理するソースコードはバージョンを指定することでいつでも以前のバージョンに戻したり、最新のソースコードを取得したりすることができます。他にも、複数の開発者でシステムを構築する場合、ある1人がソースコードに変更している間は他の人がソースコードを変更できないようにするしくみがあります。ソースコードに変更を加える前に、その旨をソースコード管理システムに記しておくことを「チェックアウト」、チェックインしているソースコードをソースコード管理システムに戻し、変更点を反映させることを「チェックイン」と言います。

つまり、ある人がチェックインしたソースコードは、他の人が変更することができません。チェックインした開発者が、チェックアウトするか、もしくはチェックインを取り消すまで、他の開発者はそのソースコードに手を加えることができません。ソースコード管理システムには、以下のようなものがあります。

Visual SourceSafe

Microsoft社のVisual Studioとセットで使われることの多いソースコード管理システム。Visual Basic 6で開発されたシステムの多くは、このソースコード管理システムを使用している。

Team Foundation Server

バージョン管理だけでなく、タスク管理や自動ビルドなどの機能も兼ね備えたMicrosoft社のソースコード管理システム。

CVS
Subversion

オープンソースのソースコード管理システム。Subversionは、CVSの後継。

これらのソースコード管理システムと単体テストツールの連携により、単体テストを通過したソースコードのみをチェックインできるように設定可能なものもあります。

●総合テスト～実運用を想定したテスト

すべてのプログラムが完成したら、今度はそれらのプログラムがうまく連携し、システムとして矛盾点や不具合がないかを検証することを「総合テスト」と言います。プログラムの単体テストでは発見できない、他のプログラムとの連携による問題点を発見するのが目的です。

本来であれば仕様を確定する時点で見つけておかなければならなかったような機能不十分、またシステムの負荷をコンピューターが耐えきれるかどうかといった検証も総合テストに含まれます。

ウォーターフォール型開発において、この総合テストの段階にくれば、納品まであとわずかです。この時点で発見された問題点のなかには、仕様の漏れによるものもあり、ウォーターフォール型開発では工数に致命的な影響を与える場合もあります。そうならないためにも、上流工程でしっかりと仕様を明確化させておく必要があるのは、前述のとおりです。

納品

さて、上記工程がすべて終えたら、いよいよ納品です。システム開発者において、この納品のイベントはこれまでの苦労に終わりを告げる、最高の瞬間です。

- データベースアプリケーション開発の決め手はシステムの目的を明確にすること
- 要件定義のあとは、概要設計→詳細設計→プログラム開発へ工程を進める
- プログラム開発後はシステム全体のテストを行い、問題がなければ納品

Section 03

データベース設計のドキュメント化

リレーショナル型データベースにおいて、テーブル同士の関連性やテーブルが持つ属性など、それらを図によってドキュメント化し、わかりやすく可視化する方法を紹介します。

DFDとは

DFD（Data Flow Diagram：データフローダイアグラム）とは、業務上のシステムをモデル化する手法のことで、データと処理の流れを図式化したものです。これにより、業務システムにおけるデータの流れと処理を視覚的に理解できるようになります。

文章だけでは、人によって表現も違いますし解釈も変わってしまいますが、表記法を統一化することによりコミュニケーションも円滑にとれるようになるわけです。

DFDでは、システム間のデータの流れを次の4つの記号を用いて表します。以下に、DFDで使用する記号（要素）を掲載します。

■DFDで使用する記号

記号	名称	説明
→	データの流れ（データフロー）	要素間におけるデータの流れを表したもの
○	データの処理（プロセス）	入力データを処理して加工を加え、データを出力する要素を表したもの
＝	データの保管（データストア）	データの保管場所を表現したもの
□	データの源泉／行き先	モデル化されるシステム外部に存在するもの

それでは、これらの記号の使い方について、見てみましょう。次に、DFDの例を掲載します。

■DFDの例

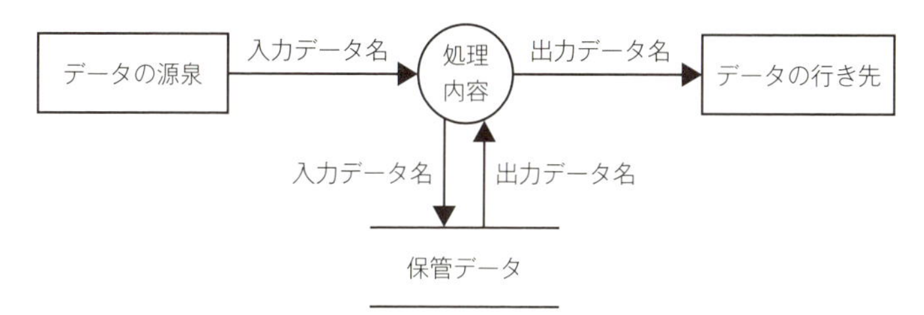

この図は、もっとも基本的なDFDです。DFDは、データの源泉から始まり、データの行き先で終わるように記述します。データフローの向きは、原則として左から右、もしくは上から下に向かって図示します。

データの処理で参照するデータは、データストアに記入し、記号の中や隣には処理の内容やデータ名を記入します。

複雑な処理では、DFDを分割して記述します。その場合、全体の流れが大まかに読み取れる上位DFDが、詳細まで記述された下位のDFDを包括するような形で記載します。

ER図とは

ER図とは、各データの関連を図によって表現する手法を言います（P.16参照）。ER図は、「実体」（Entity）と「関連」（Relationship）の2つの概念で表します。また、実体と関連は、そのもの固有の情報や特性を表現するための「属性」（Attribute）を持ちます。

次ページのER図は、商品と得意先の関係を表しています。商品は、商品コードと商品名と単価の属性を持ちます。得意先は、得意先コードと得意先名の属性を持ちます。受注は、受注番号と受注日の属性を持ちます。

データベース設計の際、このER図をもとにテーブルを作成し、テーブルとテーブルのリレーションを決定します。

ER図についてはP.16でも紹介しましたが、本書を読み進めていれば、P.190のように対応するテーブルが自然と浮かんでくるのではないでしょうか。

■ER図をもとにテーブルを作成

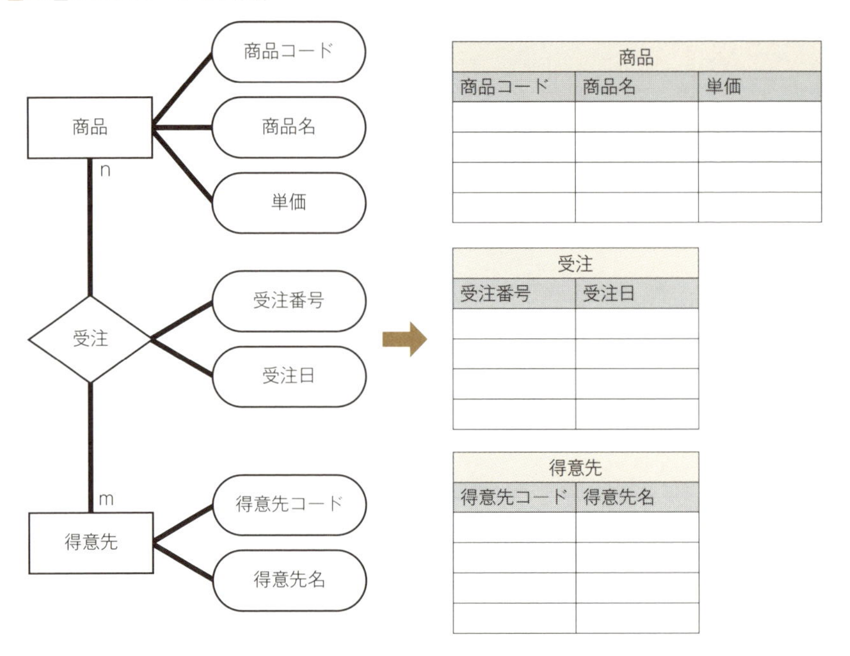

商品		
商品コード	商品名	単価

受注	
受注番号	受注日

得意先	
得意先コード	得意先名

UMLとは

UML（Unified Modeling Language：統一モデリング言語）とは、オブジェクト指向分析・設計を可視化するために開発された言語です。表記法が統一されており、オブジェクト指向開発が主流である現在のシステム開発においては、必須の知識です。そのため、データベースの設計手法としては、リレーショナル型データベースの設計手法というより、オブジェクト指向型データベースの設計手法と言えます。

UMLで使用される図（ダイアグラムと言います）は10種類以上あり、それらは開発の開発フェーズによって変わります。しかし、実際の開発の現場で使用されるのは、クラス図が大半です。オブジェクト指向開発を行うにあたり、クラス図からオブジェクト間の相互関係が読み取れるようにはしておく必要があります。

■UMLで使用されるダイアグラムの例

No.	分類	名称	概要
1	構造	クラス図	クラスのメソッドやプロパティなどの構造やクラス間の関係を表す
2		オブジェクト図	クラスがインスタンス化されたオブジェクト間での相互関係を表す
3		コンポジット構造図	クラスやコンポーネント等（分類子）の内部構造と関係を表す
4		コンポーネント図	実行ファイル間の相互関係を表す
5		配置図	コンピューターや通信経路などのシステムの物理的な構成を表す
6		パッケージ図	グループ化されたクラスの関連性を表す
7		ユースケース図	システム利用者の要求とそれに伴うシステムの振る舞いを表す
8	振る舞い	シーケンス図	オブジェクト間の相互関係を時系列に表す
9		コミュニケーション図	相互作用するオブジェクト間メッセージ送受信をオブジェクト間の接続関係に焦点を当てて表す
10		タイミング図	リアルタイムのような短時間での状態遷移や時間制約、メッセージ送受信などを表す
11		相互作用概要図	相互作用図どうしの関係の概要図。シーケンス図、アクティビティ図等で表す
12		ステートマシン図	1つのクラスに着目し、そのオブジェクトの生成から破棄までの状態遷移を表す
13		アクティビティ図	システム(や業務)のアクティビティ、データの流れ、アクティビティ実施の条件分岐などを表す

まとめ

- **DFDはデータと処理の流れを図で表す手法**
- **ER図は各データの関連を図で表す手法**
- **UMLはオブジェクト指向分析・設計を可視化するために開発された言語**

Section

04 プログラミング言語からのデータベース接続

アプリケーションを開発するためのプログラミング言語からデータベースシステムに接続するにはどのようにしたらよいのでしょう。ここでは、アプリケーションからデータベースに接続するしくみを解説します。

アプリケーションからのデータベース接続の流れ

データベースに接続するためのアプリケーションは、一般的に次のような処理の流れをとります。

①データベースに接続
②データベースに対してSQLを実行、必要に応じて結果セットを取得
③必要に応じて結果セットを処理
④結果セットを取得した場合、結果セットを解放
⑤データベースとの接続を切断

①は使用する言語やデータベースシステムの種類によって異なりますが、ADOやODBC、JDBCといったAPIやドライバーを使い、プログラミング言語からのデータベースへの接続を行います。

■APIやドライバを使ってアプリケーションからデータベースに接続

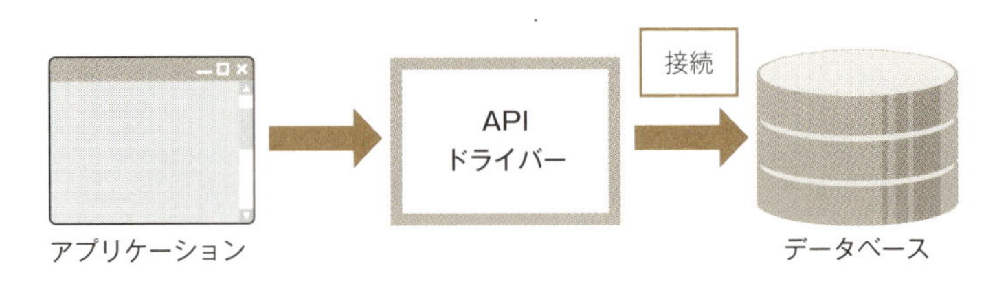

②では、第4章で使用したSELECT命令などのSQLをプログラムの中に記述してデータベースに送ります。SQLはデータベースシステムで処理され、

結果が生じる場合は**結果セット**としてプログラム側に送られます。

■SQLを実行して結果セットを取得

③では、送られてきた結果セットをプログラム側で処理します。たとえば、SELECT命令で得られた結果をプログラム内で画面に表示するといった具合です。処理が終わったら、④で結果セットを解放します。必要な処理がすべて終わったら、最後に⑤でデータベースとの接続を切断します。

■データベースとの接続を切断

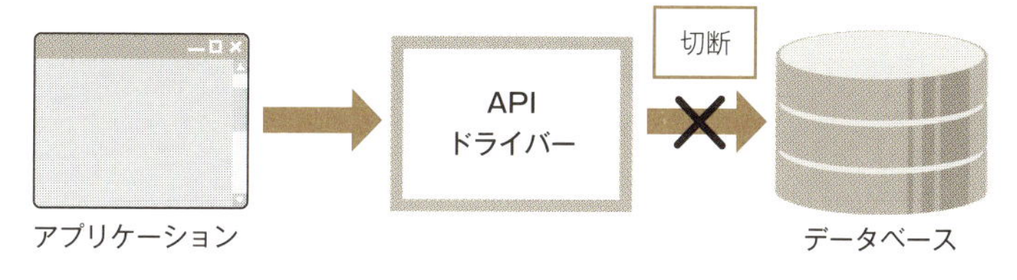

次節からは、いくつかのプログラミング言語とデータベースシステムの組み合わせを例に、具体的な接続方法について解説します。プログラミング言語の知識がないと理解するのは難しいかもしれませんが、流れだけでもつかんでみてください。

まとめ

- **プログラムからデータベースを使用する場合、APIやドライバーで使用するデータベースに接続**
- **データベースにSQLを実行し、必要に応じて結果セットを取得してプログラムに反映**
- **データベースの利用が終わったらプログラムからデータベースとの接続を切断**

Section 05

プログラミング言語からのデータベース接続①～C#からSQL Serverに接続

ここからは、アプリケーション開発のプログラミング言語とデータベースシステムの組み合わせをいくつか取り上げ、プログラミング言語からデータベースに対してクエリを実行するためのサンプルを紹介します。

C#からSQL Serverに接続

データベースアプリケーションにC#、データベースシステムにSQL Serverという組み合わせは、Windows OSで稼働するデータベースアプリケーションを開発する際に非常に多い組み合わせです。Windows OS、C#、SQL ServerはすべてMicrosoft社の製品であるため、親和性が高いのが特長です。

以下は、社員テーブル（tbl_employees）から社員コード（Code）をもとに社員名（Name）を取得するサンプルコードです。

■C#からSQL Serverに接続するサンプルコード

```
/// <summary>
/// 指定された社員コードに該当する社員名を返します。
/// </summary>
/// <param name="empCD">社員コード</param>
/// <returns>社員名</returns>
internal string getEmpName(int empCD)
{
    //DataTableを定義します。
    DataTable dt = new DataTable();

    //データベースに接続し、社員コードに該当する社員名を取得します。
    using (SqlConnection cn = new SqlConnection())
    {
        //データベース接続文字列を定義します。
        string cs = "";
        cs += "Persist Security Info=False;";
```

```
        cs += "Server=" + ServerName + ";";
        cs += "Initial Catalog=" + DatabaseName + ";";
        cs += "User ID=" + UserID + ";";
        cs += "Password=" + Password + ";";

        //データベースに接続します。
        cn.ConnectionString = cs;
        cn.Open();

        try
        {
            SqlCommand cmd = cn.CreateCommand();

            cmd.CommandText = "";
            cmd.CommandText += " SELECT";
            cmd.CommandText += "    [Name]";
            cmd.CommandText += " FROM";
            cmd.CommandText += "    [tbl_employees]";
            cmd.CommandText += " WHERE";
            cmd.CommandText += "    [Code] = " + empCD.ToString();

            dt.Load(cmd.ExecuteReader());
        }
        catch
        {
            throw;
        }
    }

    //取得した社員名を戻り値として返します。
    try
    {
        return dt.Rows[0]["Name"].ToString();
    }
    catch
    {
        throw;
    }
}
```

実行するSQLを記述

C#からSQL Serverデータベースに接続する場合、ADO.NETという技術を利用します。Visual BasicなどのActiveXでデータベースに接続する際に利用していたADOの.NET版です。

サンプルのソースコードにて、メソッドの先頭に定義したDataTableは、テーブルの内容やSELECT命令の結果セットなどの2次元配列データを格納することが可能なオブジェクトです。SQL Serverに接続するための接続オブジェクトは、using句によって定義しています。この接続オブジェクトは、SqlConnectionというクラスを使用します。using句によって定義されたオブジェクトは、using句を抜ける際に必ず解放されることを約束します。つまりこの接続オブジェクトは、このメソッドが終了する際に必ず解放されることを約束します。

データベースの接続先は、データベース接続文字列にて指定します。SQL Serverに接続する際のデータベース接続文字列は、

・サーバー名
・データベース名
・ユーザーID
・ユーザーIDに該当するパスワード

を指定します。

データベース接続文字列は、データベース接続オブジェクトのConnectionStringプロパティに指定します。

データベース接続文字列によって指定した当該データベースへの接続は、データベース接続オブジェクトのOpen()メソッドによって行われます。

データベース接続後、当該データベースに対してクエリを実行するためのSqlCommandオブジェクトをインスタンス化します。SqlCommandオブジェクトのCommandTextプロパティに実行するSQLを指定し、ExecuteReader()メソッドによってSQLを実行します。ExecuteReader()メソッドの戻り値は、DataTable.Load()メソッドのパラメータとして渡され、SELECT命令の結果セットはDataTableに反映されます。

DataTableには、Rowsプロパティによってレコード単位で結果セットが保存されていますので、その先頭行（Rows[0]）のName列の値を参照することで、社員名を取得します。

ところで、ActiveXのADOを利用した経験がある方には、ADO.NETの場

合、ADOと違ってRecordset.MoveNext()によってレコードを1行ずつ参照する必要がなく、Rowsプロパティのパラメータにインデックスを指定するだけで目的とするレコードを取得できるのをうらやましいと思ったのではないでしょうか。

- **Windows用のプログラム開発ではC#とSQL Serverが選択される場合が多い**
- **C#からSQL Serverに接続するにはADO.NETという技術を使用する**

Section 06

プログラミング言語からのデータベース接続②〜ExcelからAccessに接続

ExcelとAccessの組み合わせは、中小企業のシステム管理者が開発する小規模なシステムにおいて、非常に多い組み合わせではないでしょうか。ここでは、Accessから取得したデータをExcelに展開する方法を説明します。

ExcelからAccessに接続

次のサンプルコードは、Excelのマクロ言語であるExcel VBAでExcelファイルと同一フォルダにある「sample.mdb」に接続し、そのAccessファイルの「社員」テーブルの内容をSheet1シートに反映するものです。

■Excel VBAでExcelからAccessに接続するサンプルコード

```
Option Explicit

'MDBファイル名
Private Const MDB_FILE As String = "sample.mdb"

'sample.mdbからデータを取得し、Sheet1シートに反映
Sub データ抽出()
    'ADODB.Connectionを参照
    Dim cn As Object
    Set cn = CreateObject("ADODB.Connection")

    'ADODB.Commandを参照
    Dim cmd As Object
    Set cmd = CreateObject("ADODB.Command")

    'ADODB.Recordsetを参照
    Dim rs As Object
    Set rs = CreateObject("ADODB.Recordset")

    'このエクセルファイルと同じフォルダにあるsample.mdbを参照
    Dim filePath As String
    filePath = ThisWorkbook.Path & "¥sample.mdb"
```

```
    'データベース接続文字列
    Dim sCn As String
    sCn = "Driver={Microsoft Access Driver (*.mdb)};" & " DBQ=" &
filePath & ";"

    'ADODB.Connectionに接続文字列をセット
    cn.ConnectionString = sCn

    'エラーが発生しても処理を続行する
    On Error Resume Next

    'sample.mdbに接続
    cn.Open
    If (Err.Number <> 0) Then
        'エラーが発生した場合はエラーの内容を表示して処理を中断
        MsgBox CStr(Err.Number) & ":" & Err.Description
        Exit Sub
    End If

    '実行するSQLを定義
    Dim sql As String
    sql = "SELECT * FROM [社員] ORDER BY [コード];"    ← 実行するSQLを記述

    'ADODB.CommandからADODB.Connectionを参照し、実行するSQLをセット
    cmd.ActiveConnection = cn
    cmd.CommandText = sql

    'SQLを実行し、その結果をADODB.Recordsetに格納
    rs.Open cmd
    If (Err.Number <> 0) Then
        'sample.mdbとの接続を切断
        cn.Close
        'エラーの内容を表示して処理を中断
        MsgBox CStr(Err.Number) & ":" & Err.Description
        Exit Sub
    End If

    'Sheet1を別名で定義
    Dim ws As Worksheet
    Set ws = ThisWorkbook.Worksheets("Sheet1")

    '1行目に列見出しを作成
    Dim i As Long
```

```
    For i = 1 To rs.Fields.count
        ws.Cells(1, i).value = rs.Fields(i - 1).Name
    Next

    '取得したデータを1行ずつデータを読み込み、Sheet1に反映
    Dim row As Long
    row = 2     '1行目は列見出しのため、2行目から書き出す
    Do
        'すべてのデータを処理したら処理を抜ける
        If (rs.EOF) Then
            Exit Do
        End If

        '1行1列ずつセルに反映する
        Dim col As Long
        For col = 1 To rs.Fields.count
            ws.Cells(row, col) .value = rs.Fields(col - 1).value
        Next

        '次のデータを読み込み
        rs.MoveNext
        row = row + 1
    Loop

    'ADODB.Recordsetを閉じる
    rs.Close

    'sample.mdbとの接続を切断
    cn.Close

    'Sheet1の列幅を最適化
    ws.Cells.EntireColumn.AutoFit

    '完了メッセージ
    MsgBox "完了しました。"
End Sub
```

最初に、Accessデータベースに接続するために必要なCOMの参照を行います。COMとは、Component Object Modelの略で、さまざまなアプリケーションが他のアプリケーションと連携するための機能を提供するための仕様です。COMの参照によって連携することができるアプリケーションには、ExcelやWordといったMicrosoft Officeがあり、これらの製品はCOMを通じ

ることによってさまざまなアプリケーションからの操作が可能です。

Excel VBAからAccessデータベースに接続するには、ADOという技術を用います。ADOとは、ActiveX Data Objectの略で、データベースと接続するための技術です。ADOを使用する場合、次の3つのCOMを参照します。

・ADODB.Connection
・ADODB.Command
・ADODB.Recordset

ADODB.Connectionは、データベースと接続するために使用します。ADODB.Connectionには、接続するデータベースの情報を記述した文字列で接続先のデータベースを指定します。

ADODB.Commandは、データベースに対してSQLを実行するために使用します。SELECT命令のように結果セットを伴うSQLの場合は、ADODB.RecordsetというCOMも使用します。結果セットを伴うSQLを実行する場合は、ADODB.RecordsetのOpenメソッドのパラメータとして、ADODB.Commandをセットします。結果セットを伴わないSQLを実行する場合は、ADODB.CommadからExecuteメソッドを実行します。

ADODB.Recordsetにて取得したSELECT命令の実行結果は、Recordset.Fieldsプロパティに列ごとの値が格納されています。Recordset.Openメソッドの直後、Recordsetは1行目のレコードがセットされています。次のレコードを参照したい場合は、Recordeset.MoveNextメソッドを実行します。すべてのレコードを読み込み終えた場合、Recordset.EOFプロパティがTrueになります。

■ADODB.Recordsetの内容をExcelシートに展開するしくみ

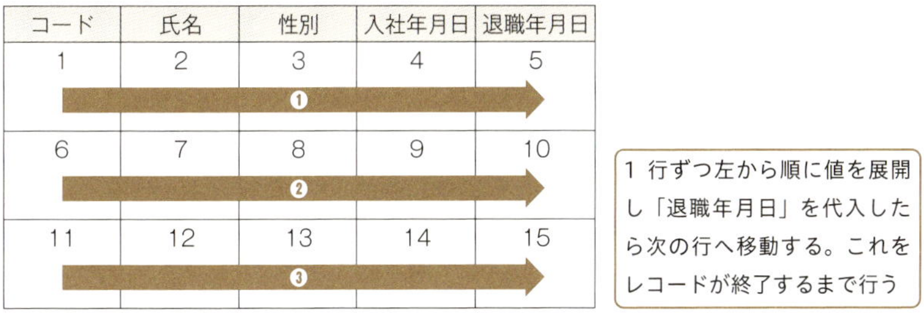

コード	氏名	性別	入社年月日	退職年月日
1	2	3	4	5
6	7	8	9	10
11	12	13	14	15

①②③

1 行ずつ左から順に値を展開し「退職年月日」を代入したら次の行へ移動する。これをレコードが終了するまで行う

COMの参照に関して、サンプルコードの場合はCreateObject関数を使用して、プログラムから使用するCOMの随時呼び出すような作りになっていますが、Excel VBAのメニューより<ツール>→<参照設定>からCOMの一覧を表示し、使用するCOMにチェックを付けることでもプログラム内で当該COMを使用することができるようになります。

■使用するCOMを設定

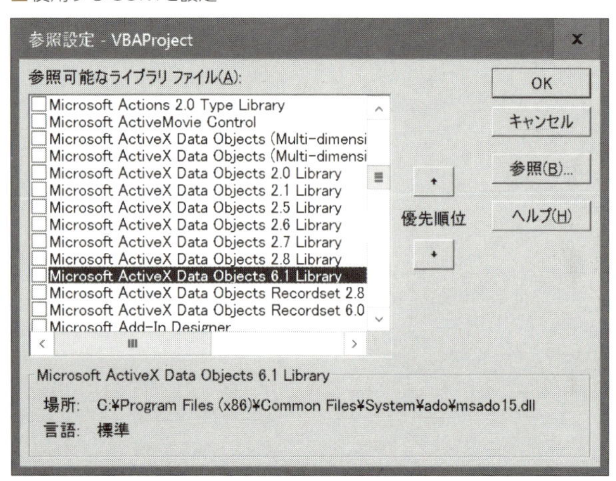

この場合、変数のデータ型はObject型ではなく、CreateObject関数を実行するときに指定したCOMの名前自体がデータ型になります。つまり、3つのADOのCOMの変数定義は、次のようになります。

```
'ADODB.Connectionを参照
Dim cn As New ADODB.Connection

'ADODB.Commandを参照
Dim cmd As New ADODB.Command

'ADODB.Recordsetを参照
Dim rs As New ADODB.Recordset
```

使用するCOMを「参照設定」する場合の利点としては、当該変数にてインテリセンス（入力支援機能）が使えることです。変数名を入力すると自動的に当該データ型のメソッドやプロパティのリストが表示されるため、ソースコードの入力に便利です。

■メソッドやプロパティのリストが自動的に表示される

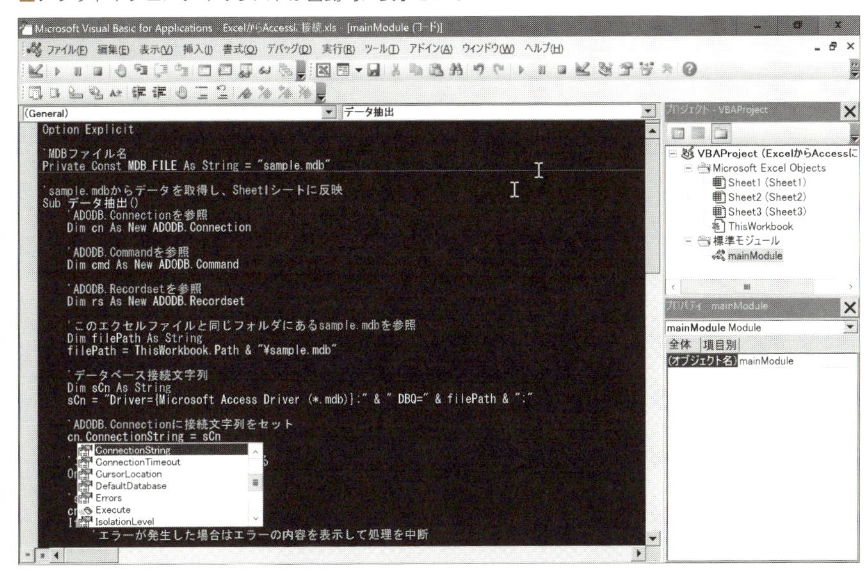

反面、利用するCOMのバージョンが限定されてしまうため、古いCOMしかインストールされていないコンピューター上では動作しない可能性があります。たとえば先ほど例示した「参照設定」画面では、「Microsoft ActiveX DataObject」のバージョンが6.1となっていますが、このバージョンより以前のActiveX Data Objectがインストールされていないコンピューター上では、プログラムの実行時にエラーとなってしまいます。

インテリセンスは使えないものの、CreateObject関数でCOMを参照した場合は、プログラムを実行する環境に存在するCOMを参照するため、プログラムを開発した環境のCOMのバージョンと、実行する環境のCOMのバージョンに不一致があってもエラーにはなりません。

まとめ

- **小規模な社内システムを自社開発するときはExcelとAccessが選択される場合が多い**
- **ExcelからAccessに接続するにはADOという技術を使用する**

Section 07

プログラミング言語からのデータベース接続③ ～PHPからMySQLに接続

ここでは、PHPからMySQLに接続する方法を解説します。PHPからデータベースに接続する方法はいくつかありますが、本書ではPDO（PHP Data Object）を使用するサンプルを紹介します。

PHPからMySQLに接続

PDO（PHP Data Object）を使用すると、MySQLだけでなく、PostgrSQLやSQLiteなど、データベースの種類を問わず、統一された方法でデータベースに接続することができます。PDOのように、データベースが違っても統一された方法でデータベースに接続するためのしくみを、「データベース抽象化レイヤー」と言います。

■データベース抽象化レイヤーのしくみ

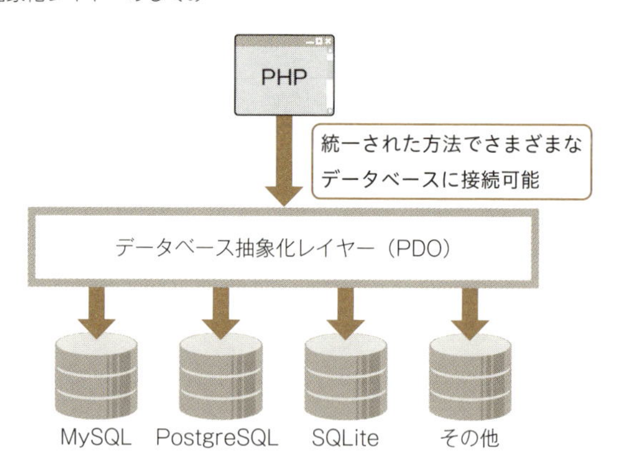

データベース抽象化レイヤーを使用した場合、異なる種類のデータベースでも統一された方法で接続できるため、Webアプリケーションを提供するレンタルサーバーの変更に伴ってデータベースの種類も変更することになったとしても、実装したプログラムに手を加える部分はほとんどありません（データベースの種類によってSQLに若干の方言があるため、プログラムに手を加

える部分がまったくないとは言えません)。これは、大きな利点とも言えます。筆者の経験でも、WebアプリケーションのデータベースをMySQLからPostgreSQLに変更したことや、その逆もあります。

PHPには、PDOだけでなくさまざまな種類のデータベース抽象化レイヤーが存在しますが、本書で使用するPDOは、他のデータベース抽象化レイヤーと比べてシンプルな構文と、処理速度の速さが特長です。

それでは、PDOを利用してMySQLにからデータを取得するかんたんなサンプルを紹介します。"koubai"という名前のデータベースに作成した社員テーブル(tbl_employees)のすべての内容を、Webページに表示するサンプルコードです。

■PHPからMySQLに接続するサンプルコード

```
<?php
//データベース情報
$sv  = 'localhost'; //サーバー名
$db  = 'koubai';    //データベース名
$uid = 'user01';    //ユーザー名
$pwd = 'user01';    //パスワード

//データベースに接続
try {
  $db = new PDO('mysql:host='.$sv.'; dbname='.$db, $uid, $pwd);
  $db->setAttribute(PDO::ATTR_ERRMODE, PDO::ERRMODE_EXCEPTION);
  $db->exec('SET NAMES utf8');
} catch(PDOException $e) {
  die('Connection failed: '.$e->getMessage());
}

//社員テーブルのデータを取得
$sth = $db->prepare('SELECT code, name ,sex, joined, leaved FROM tbl_
employees');
$sth->execute();
?>
<html>
<head>
<title>全社員リスト</title>
</head>
<body>
```

実行するSQLを記述

```
<h1>すべての社員</h1>
<table border="1">
<tr>
  <th>コード</th>
  <th>氏名</th>
  <th>性別</th>
  <th>入社年月日</th>
  <th>退職年月日</th>
</tr>
<?php
//社員テーブルから取得したデータを1行ずつ反映
while ($row = $sth->fetch(PDO::FETCH_ASSOC)) {
  echo '<tr>';
  echo '<td>'.htmlspecialchars($row['code'], ENT_QUOTES, $charset).'</td>';
  echo '<td>'.htmlspecialchars($row['name'], ENT_QUOTES, $charset).'</td>';
  echo '<td>'.$row['sex'].'</td>';
  echo '<td>'.$row['joined'].'</td>';
  echo '<td>'.$row['leaved'].'</td>';
  echo '</tr>';
}
?>
</table>
</body>
</html>
```

P.192でも解説したように、データベースに接続するためのアプリケーションは、一般的に次のような処理の流れをとります。

①データベースに接続
②データベースに対してSQLを実行、必要に応じて結果セットを取得
③必要に応じて結果セットを処理
④結果セットを取得した場合、結果セットを解放
⑤データベース接続を切断

しかし、PHPを含むWebアプリケーションの多くは、④および⑤の処理を明示的に処理する必要がありません。もちろん、明示的に処理してはならないわけではないので、すでに他のプログラミング言語でデータベースアプリケーションの開発経験があり、④および⑤の処理をPHPに任せてしまうのに

気が引けてしまうのであれば、それらを明示的に処理しても問題ありません。ただ、本書では④および⑤はサンプルコードに記述していませんので、ご了承ください。

PDOでデータベースにアクセスする場合、**PDOクラスをインスタンス化**する必要があります。PDOクラスには、サーバー名やデータベース名、およびログインするユーザー名とそのパスワードを指定します。

setAttribute()メソッドは、データベースの各種属性を設定します。たとえばサンプルでは、PDOで例外が発生した場合に例外処理を行うように設定しています。setAttribute()メソッドで設定できるその他の属性については、PHPマニュアル（http://php.net/manual/ja/pdo.setattribute.php）をご覧ください。

また、本書ではデータベースの文字コードをUTF-8に設定しています。文字コードはシステム間で統一しないと日本語が文字化けしてしまう可能性があります。

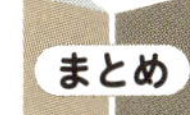

- Webアプリケーションを開発するときはPHPとMySQLが選択される場合が多い
- PDOを使用すると、PHPからMySQLやPostgreSQLなどのさまざまなデータベースに接続することができる

Section 08

プログラミング言語からのデータベース接続④ ～JavaからPostgreSQLに接続

ここでは、JavaからPostgreSQLに接続する方法を解説します。本書のサンプルコードでは、JDBC (Java Database Connectivity) を利用してPostgreSQLに接続します。

JavaからPostgreSQLに接続

JDBC (Java Database Connectivity) とは、Javaで開発したアプリケーションから各種データベースに接続するためのAPIのことです。まずは、PostgreSQL用のJDBCを環境にインストールする必要があります。PostgreSQL用のJDBCドライバは、以下のサイトからダウンロードすることができます。

・PostgreSQL JDBC Driver
https://jdbc.postgresql.org/download.html

ダウンロードしたドライバは、環境変数に設定されているJavaのPathフォルダにコピーします。

次のサンプルコードでは、社員テーブル (tbl_employee) からすべての社員の社員名 (name) を取得します。

■JavaからPostgreSQLに接続するサンプルコード

```
public class SampleClass {

    //
    // メイン
    //
    public static void main(String[] args) throws Exception {
        try {
            new SampleClass().getEmployeeName();
```

```
        } catch (Exception e) {
            e.printStackTrace();
        }
    }

    //
    // 社員テーブルからすべての社員の社員名を取得
    //
    private void getEmployeeName() throws Exception {

        //データベースオブジェクトを定義
        Connection cn = null;
        Statement st = null;
        ResultSet rs = null;

        try {

            //JDBC経由でPostgreSQLに接続
            Class.forName("org.postgresql.Driver");

            cn = DriverManager.getConnection("jdbc:postgresql://
ServerName/DBName", "UserName", "Password");
            st = cn.createStatement();

            //社員テーブルからすべての社員の社員名を取得
            rs = st.executeQuery("SELECT * FROM tbl_employees");
            while (rs.next()) {
                System.out.println(rs.getString("name"));
            }

        } finally {
            //データベースオブジェクトを解放
            if (rs != null) {
                rs.close();
            }
            if (st != null) {
                st.close();
            }
            if (cn != null) {
                cn.close();
            }
        }
    }
}
```

実行するSQLを記述

データベースへの接続は、DriverManager.getConnection()メソッドを使用します。このメソッドのパラメータには、接続するデータベースサーバーとデータベース名、および接続するユーザーとそのパスワードを指定します。

クエリの実行は、executeQuery()メソッドを実行します。このメソッドのパラメータに、実行するSQLを指定します。

SELECT命令の結果セットは、getString()メソッドにてそのメソッドのパラメータに指定したフィールドの値を取得します。RecordSetのNext()メソッドより、結果セットの次のレコードを参照し、すべてのレコードの参照が終わるまで、処理を続行します。

- Javaを使えば開発環境がすべて無料で可能なオープンソースでシステム開発が可能
- JavaからPostgreSQLに接続するにはJDBCドライバを使用する

Section 09

プログラミング言語からのデータベース接続⑤ ～AndroidからSQLiteに接続

Google社が開発したスマートフォンOSであるAndroidには、SQLiteが標準で搭載されています。AndroidからSQLiteデータベースを利用するには、Androidが提供しているAPIを使用します。

AndroidからSQLiteに接続

Androidアプリケーションは、Javaで開発を行います。Androidアプリケーションの開発には、Java SE Development Kit（JDK）というJavaの開発環境と、Android StudioというAndroidの開発環境のインストールが必要です。Android Studioは、Androidアプリ開発者のためのWebサイト「Android デベロッパー」より無償でダウンロードすることができます。

それでは、実際にAndroidアプリケーションでSQLiteデータベースに接続してみます。

■AndroidからSQLiteに接続するサンプルコード

```
//"sample.sqlite"データベースをオープンします
SQLiteDatabase db;
try {
    db = openDatabase("sample.sqlite", null);
} catch (FileNotFoundException e) {
    db = null;
}

// 実行するSQL を定義します
String sql = "select * from hoge;";

//SQL を実行します
Cursor c = db.rawQuery(sql, null);

// カーソルを先頭に移動します
c.moveToFirst();
```

実行するSQLを記述

```
// 配列を定義します
CharSequence[] list = new CharSequence[c.getCount()];

// データを取得し、配列に格納します
for (int i = 0; i < list.length; i++) {
    list[i] = c.getString(0);
    c.moveToNext();
}

// カーソルを閉じます
c.close();
```

このサンプルコードは、テーブル「hoge」からデータをすべて抽出し、その結果セットから1列目の値のみ配列に格納しています。

結果セットを伴うSELECT命令は、SQLiteDatabaseクラスのquery()メソッドやrawQuery()メソッドを使用します。また、INSERT／UPDATE／DELETE命令は、SQLiteDatabaseクラスのexecSQL()メソッドを使用します。

- AndroidではSQLiteが標準で使用可能
- AndroidからSQLiteに接続するにはSQLiteDatabaseクラスを使用する

Section 10

データベースアプリケーション開発の問題点

本節では、データベースアプリケーション開発における問題点のうち、SQLインジェクション、.NET利用時の注意点、デッドロックの3点について取り上げます。

SQLインジェクションとは

SQLインジェクションとは、システム利用者が任意のSQLをデータベースに対して実行できてしまうプログラムのバグのことを言います。データの漏洩や改ざんの危険性がある、非常に危険なバグです。

システム利用者が任意のSQLをデータベースに対して実行できてしまうので、データベースに保存されているあらゆるデータが漏洩したり、改ざんされたりしてしまう危険性が大いにあります。

では、SQLインジェクションがどのようなバグなのか、サンプルコードで実際に見てみましょう。「社員」テーブルに対し、コード入力テキスト（txtCode）と氏名入力テキスト（txtName）に入力された内容をそのまま「社員」テーブルに追加します。

■SQLインジェクションのバグがあるExcel VBAのサンプルコード

```
'実行するSQLを組み立て
Dim sql As String
sql = ""
sql = sql & " INSERT INTO [社員] VALUES ("
sql = sql & "     [コード],"
sql = sql & "     [氏名]"
sql = sql & " ) VALUES ("
sql = sql & "     '" & txtCode.Text & "',"
sql = sql & "     '" & txtName.Text & "'"
sql = sql & " )"
```

さて、このソースコードにはSQLインジェクションのバグがあります。問題は、ユーザーが入力したテキストを使用して、そのままSQLを構築しているところにあります。

たとえば、ユーザーが氏名欄に次のような文字列を入力したとします。

```
'); DELETE FROM [社員]; --
```

この入力された文字列を、先ほどのSQLに代入してみてください。構築されたSQLは、次のようになります。

```
INSERT INTO [社員] ([コード], [氏名]) VALUES ('0001', '');
DELETE FROM [社員]; --')
```

コード欄には、とりあえず"0001"と入力されたことにしました。SQLを見ると、氏名欄には空文字列が代入されるINSERT命令が作成されており、さらにその後ろには「社員」テーブルの内容をすべて削除するDELETE命令が追記されています。氏名欄にシングルクォーテーションが代入されたため、文字列の入力が完了したものとみなされ、その後ろに続くSQLがデータベースに解釈されてしまうのです。

当然、このSQLを実行してしまうと、「社員」テーブルの内容はすべて削除されてしまいます。もちろん、他にもいろいろなSQLが同様の手段で実行できてしまうので、悪意を持ったシステム利用者によってデータベースを乗っ取られてしまうのです。

「そもそも、システム利用者は『社員』テーブルなんていう存在を知らないのでは？」と思うかもしれませんが、そのシステムのなかにデータベースから取得したデータを画面に表示する部分があり、その部分にSQLインジェクションのバグがあった場合はどうでしょうか？　データベースシステムには、データベースに存在するテーブルやビューなどのデータベースオブジェクトを一覧で取得するシステムテーブルが存在する場合があります。たとえば、SQL Serverのsys.objectsなどです。そのシステムテーブルにSELECT命令を実行するようなSQLが投入され、それが画面に表示されることによってすべてのデータベースオブジェクトが悪意を持ったシステム利用者に盗み出されてしまったとしたら、もはやすべてのデータは筒抜けとなってしまいます。

さらに、管理者に気づかれないように一部のデータを改ざんしてしまうことだってできるのです。

ここまで読んでいただいて、SQLインジェクションの危険性を十分理解いできたかと思いますが、それではSQLインジェクションを防ぐにはどうすればよいのでしょうか？

先ほどのサンプルコードはExcel VBAで作成しましたが、Excel VBAを含めて多くのプログラミング言語には、「プレースホルダ」という機能があります。プレースホルダとは、あらかじめ確保された領域のことで、先ほどのSQLにてプレースホルダを適用した場合、「コード」列と「氏名」列に文字列を代入する領域をあらかじめ確保し、文字列がはみ出してSQLが実行されてしまうことを防ぎます。もし「氏名」欄にシングルクォーテーションが入力されたとしても、そのシングルクォーテーションを含めた文字列が「氏名」欄に入力された文字列としてデータベースに保存されます。

さて、プレースホルダを利用してサンプルコードを作成し直した場合、次のようになります。

■修正したExcel VBAのサンプルコード

```
'実行するSQLを組み立て
Dim sql As String
sql = ""
sql = sql & " INSERT INTO [社員] VALUES ("
sql = sql & "     [コード],"
sql = sql & "     [氏名]"
sql = sql & " ) VALUES ("
sql = sql & "     ?,"
sql = sql & "     ?"
sql = sql & " )"
```

書き直したサンプルコードで、プレースホルダに該当する箇所が「?」の場所です。このプレースホルダに値を代入するには、次のようにします。

```
cmd.Parameter(0) = txtCode.Text
cmd.Parameter(1) = txtName.Text
```

このプレースホルダを用いた例であれば、SQLインジェクションを行うことができません。

プレースホルダが利用可能なプログラミング言語であれば、プレースホルダを利用しない理由はありません。SQLインジェクション対策として、積極的に利用しましょう。

コラム SQLインジェクションによるバグとその代償

2011年4月、Webにおける商品受注システムのサーバーに対し、不正アクセスおよびクレジットカードの不正利用が発覚しました。

インテリア商材の販売等を事業とするサイトの運営会社は、当該Webサイトの企画・開発・保守等を事業とする開発ベンダーを提訴、結果、東京地裁平成26年1月23日判決（平23（ワ）32060号）にて、開発ベンダーに2,262万円の損害賠償金の支払いを命じました。

この判決の大きなポイントとして、以下の2つが挙げられます。

- クレジットカード情報の流失（個人情報の流失）と悪用の原因が、裏付けとなる証拠がないにも関わらず、SQLインジェクションが原因であると認定された
- 2社間における契約書には具体的なセキュリティ対策が明記されていない

つまり、「契約書に具体的なセキュリティ対策が明記されていなくても」、一般的な技術水準におけるセキュリティ対策を行うのは「当然」であり、その技術水準に満たないシステムが引き起こした「であろう」個人情報の漏洩は、開発ベンダー側の過失であるということです。

.NET利用時の注意点

Microsoft.NETのプログラミング言語で開発を行っている場合、作成された実行ファイル（.exe）やアプリケーション拡張ファイル（.dll）からソースコードが抜き取られてしまう危険性があります。

実行ファイルやアプリケーション拡張ファイルなどのバイナリファイルからソースコードの形に戻すことを、**「逆コンパイル」**と言います。また、逆コンパイルを行うためのツールを、**「逆コンパイラ」**と言います。

.NETプログラミング言語の逆コンパイラと言えば、「ILSpy」が有名です。

「ILSpy」は、以下のWebサイトからダウンロードすることが可能です。

・ILSpy
  http://ilspy.net/

逆コンパイルが可能なプログラミング言語は、とくに.NETに限ったことではありません。Java言語についても逆コンパイルが可能で、そのためにAndroidスマートフォン向けに開発したAndroidアプリから「アプリケーションパッケージファイル」(.apkファイル)を抽出し、アプリケーションパッケージファイルからJavaのソースコードに変換するといったことも可能です。

さて、逆コンパイルによってソースコードが抜き取られてしまうということは、たとえばデータベースアプリケーションの場合、そのソースコードに書き込まれているデータベースに接続するためのパスワード、もしくはパスワードを生成するためのアルゴリズムが参照されてしまうことを意味します。つまり、悪意を持ったものが次の2点を満たす場合、機密データにアクセスされてしまう可能性があります。

・.NETなどの逆コンパイルが容易なプログラミング言語で開発したデータベースアプリケーションを持っている
・データベースにアクセスする手段を持っている

これを防ぐには、逆コンパイルにソースコードが解釈されないようにプログラムを開発する「難読化」というプログラミング手法があります。

また、この「難読化」を行うための無償ツールも存在します。たとえば、「Dotfuscator」というツールはVisual Studio 2010にもバンドルされているので、ソースコードを抜き取られては困るアプリケーションについては、積極的に利用するとよいでしょう。

それと、データベースアプリケーションで使用するデータベースユーザーに管理者ユーザーを割り当てている場合、それを廃止し、データベースアプリケーション専用のデータベースユーザーを作成するべきです。無論、そのデータベースユーザーには、アプリケーションの動作には必要のないデータベースオブジェクトに対する権限ははく奪しておきましょう。

デッドロックを発生させてみる実験

デッドロックについては、P.102で解説したとおりです。ここでは、実際にデッドロックを発生させる実験をしてみましょう。実験は、SQL Serverで行います。それ以外のデータベースシステムについては、SQLを適宜修正が必要になるかもしれません。ただ、デッドロックを発生させる考え方については、データベースシステムの種類に違いはありません。

まずは、任意のデータベースに次のようなテーブルを作成します。

テーブル名	test

フィールド	データ型
id	int
name	varchar(40)

上記テーブルを作成するSQLは、次のようになります。

```
CREATE TABLE [test]
(
    [id] INT,
    [name] VARCHAR(40)
);
```

テーブルを作成したら、次にテストデータを追加します。テストデータは、次のとおりです。

id	name
1	takayuki
2	daiki

先ほどのテーブルにテストデータを追加するには、次のクエリを実行します。

```
INSERT INTO [test] ([id], [name]) VALUES (1, 'takayuki');
INSERT INTO [test] ([id], [name]) VALUES (2, 'daiki');
```

さて、これで準備ができました。では、実際にデッドロックを発生させてみましょう。次のクエリを実行し、テストデータにUPDATEを試みます。

```
BEGIN TRAN;

UPDATE [test] SET [name] = 'takayuki.ikarashi' WHERE [id] = 1;
UPDATE [test] SET [name] = 'daiki.ikarashi' WHERE [id] = 2;
```

このトランザクションを確定、もしくはロールバックしないまま、もう1つの別のセッションを起動し、以下のクエリを実行します。

```
BEGIN TRAN;

UPDATE [test] SET [name] = 'daiki.ikarashi' WHERE [id] = 2;
UPDATE [test] SET [name] = 'takayuki.ikarashi' WHERE [id] = 1;
```

こちらもUPDATE命令です。更新する順番は、最初のクエリがテストデータの[id]が1のデータを先に更新するのに対し、2つ目のクエリは[id]が2のデータを先に更新します。

すると、2つ目のクエリを実行したほうで、次のようなデッドロックを知らせるエラーメッセージが表示されます。

```
メッセージ 1205、レベル 13、状態 45、行 4
トランザクション (プロセス ID 57) が、ロック 個のリソースで他のプロセスと
デッドロックして、このトランザクションがそのデッドロックの対象となりました。
トランザクションを再実行してください。
```

おさらいしますが、デッドロックが発生する可能性があるクエリの実行順序は、次の2とおりです。

①ロックする順序が逆になる場合がある
②ロックする順序がループする場合がある

今回の例で言えば、①が原因です。実際の業務においても、デッドロックが発生したことによってようやくクエリの実行順序がまずいことに気付く場合が往々にしてあります。

たとえば、1回の保存処理によって複数のクエリが実行されるような場合において、複数の端末から保存処理を実行した場合にデッドロックが発生する可能性はないか、プログラムを書くうえで常に念頭に置いておくべきでしょう。

- **SQLインジェクションとは第三者が任意のSQLを実行できてしまうバグのこと**
- **.NETアプリケーションは逆コンパイルしてデータベースパスワードを盗まれてしまう危険性がある**

Section 11

データベースアプリケーションのパフォーマンスチューニング

データベース技術者にとってパフォーマンスと言えば、データベースアプリケーションの処理速度のことです。データベースアプリケーションのパフォーマンスを改善することを、「パフォーマンスチューニング」と言います。

さまざまなパフォーマンスチューニング

データベースのパフォーマンスチューニングには、いろいろな方法が考えられますが、その中でもかんたんに実践できて効果のある方法をピックアップしてみました。

インデックスを張る

テーブルにインデックスが張られていなければ、インデックスを張ってみましょう。ただし、インデックスを張ったことで逆にパフォーマンスが悪くなることもあります。インデックスについては、P.91およびP.159を参照してください。

ビューの濫用を避ける

ビューは便利なものですが、パフォーマンスは決して高くありません。なぜなら、ビューを使用するたびにビューを構成しているSELECT命令が実行されるからです。ビューを利用してさらに別のビューを作成することもできますが、その代わりパフォーマンスが犠牲になってしまいます。

トランザクションは1つにまとめる

トランザクション処理を1つにまとめることができるのであれば、1つにしましょう。

データの存在チェックはCOUNT関数よりもEXISTS関数を

データの存在チェックにCOUNT関数を使用するのであれば、EXISTS関数で存在チェックをしたほうがパフォーマンスがよいです。

COUNT関数には主フィールドを指定する

COUNT関数を使用するとき、全件指定「*」せず、インデックスの張られているフィールドを指定したほうがパフォーマンスは高くなります。

OR演算子を使うよりもIN演算子を使う

IN演算子に置き換え可能なOR結合がある場合は、IN演算子を使用したほうがOR演算子よりも高速です（例：「a=1 OR a=10」は「a IN(1,10)」と表せる）。

UNIONよりもUNION ALLを使う

重複を気にしないでよいのであれば、UNIONよりもUNION ALLを使用してください。UNIONの場合、内部的に重複行を排除する処理が実行されますので、その分UNION ALLよりもパフォーマンスが悪くなります。

範囲指定にはBETWEEN演算子を

範囲指定に「<」や「>」などの比較演算子を使用して範囲チェックを行うのであれば、BETWEEN演算子を使用したほうがパフォーマンスは高くなります（例：「a BETWEEN 1 AND 10」でaは1以上、10以下）。また、範囲指定されていることがより明示的になり、可読性も向上します。

IN演算子を使用する場合は、最もありそうなキーから左に持ってくる

IN演算子は、もっとも左に指定した値から順に評価を行います。そのため、IN演算子を使用する場合は、最も条件に合致しやすい値から順に左へ設定してください。

WHERE句は、最も条件に合致しやすいものから記述する

WHERE句で指定する抽出条件は、条件に最も合致しやすい条件から先に記述してください。そのほうがパフォーマンスは向上します。

「*」よりもフィールド指定のほうが速い

SELECT命令を実行する際、「*」を指定するよりも使用するフィールドを1

つずつ指定したほうがパフォーマンスは向上します。

ORDER BY句に列番号を使用しない

パフォーマンスを向上したいなら、ORDER BY句に列番号を指定してはいけません。フィールド名を指定したほうが、列番号を指定した場合よりも高速です。

固定長文字列型よりも可変長文字列型

フィールドに格納される文字数が固定ではないのに、データ型に固定長文字列型（CHAR型）を使用している場合は、可変長文字列型（VARCHAR型）にしたほうが、パフォーマンスが向上する場合があります。

テーブルに別名を付ける

テーブルには別名（エイリアス）を指定してください。とくに複数のテーブルを結合して使用する場合などは、パフォーマンスの向上が期待できるだけでなく、可読性も向上します。

また、複数のテーブルを結合する際に結合条件を指定しなかったため、直積されたデータに対して検索していたという事例があります。P.133でも述べましたが、直積されたデータはテーブルの件数を乗算した分のレコードが発生します。つまり、レコード数が1万件のテーブルどうしを直積した場合、なんと1億件のレコードができてしまいます。

思った以上に時間がかかってしまうクエリがある場合、クエリに改善する部分がないかを見直してみましょう。結合条件の付け忘れによるパフォーマンスの悪化は、気付かないうちに発生しているものです。

まとめ

- **データベースアプリケーションの処理速度のことをパフォーマンスと言う**
- **処理速度を向上させることをパフォーマンスチューニングと言う**
- **テーブルを結合時に結合条件を指定し忘れていたためにパフォーマンスが著しく低下することもある**

Section 12

データベースアプリケーション開発の応用例

ODBC（Open DataBase Connectivity）は、Microsoft社が提唱するデータベースに接続するための標準仕様です。ここでは、ODBCでAccessに接続する方法とSQL Serverに接続する方法を解説します。

ODBCの設定方法

ODBCを使えば、Microsoft社の製品であるAccessやSQL Serverだけでなく、Oracle社のOracleデータベースやオープンソースのMySQLなど、さまざまなデータベースに接続することができます。データベースの違いはODBCが吸収するため、ユーザーはデータベースの種類を意識することなく、データベースを使用することができます。

■ODBCのしくみ

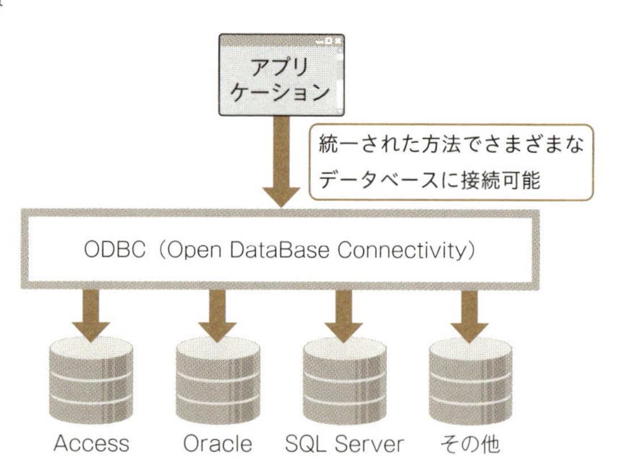

ODBCでデータベースに接続するには、接続するデータベースの種類によってODBCドライバを追加インストールする必要があります。また、後述しますが、32ビット環境のWindows OSと64ビット環境のWindows OSでは、初期状態でインストールされているODBCドライバに違いがあります。

たとえば、AccessのMDBファイルにODBC経由で接続する場合、32ビット環境でスクリプトを実行した場合は接続に成功しますが、64ビット環境でスクリプトを実行した場合は、64ビット環境にはMicrosoft AccessのODBCドライバがインストールされていないため、接続に失敗します。

それでは、AccessのMDBファイルとSQL Serverに対してODBCで接続する方法を見てみましょう。

ODBCでAccessに接続

❶スタートメニューから＜Windowsシステムツール＞→＜コントロール パネル＞の順にクリックしてコントロールパネルを開き、＜管理ツール＞をクリックします。

❷スクリプトを32ビット環境で動作するなら＜ODBC データ ソース（32ビット）＞を、64ビット環境で動作するなら＜ODBC データ ソース（64ビット）＞をダブルクリックします。ここでは、＜ODBC データ ソース（32ビット）＞をダブルクリックします。

❸「ODBCデータソースアドミニストレーター」画面が表示されたら、<ユーザー DSN >タブが表示されている状態で<追加>をクリックします。

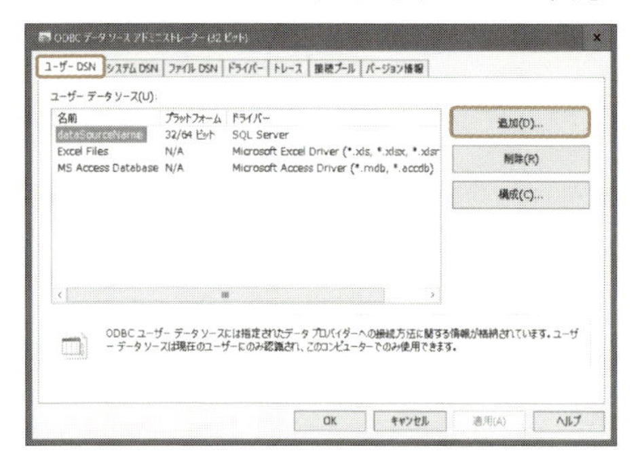

❹「データ ソースの新規作成」画面で、データソースドライバの一覧から<Microsoft Access Driver >を選択し、<完了>をクリックします。

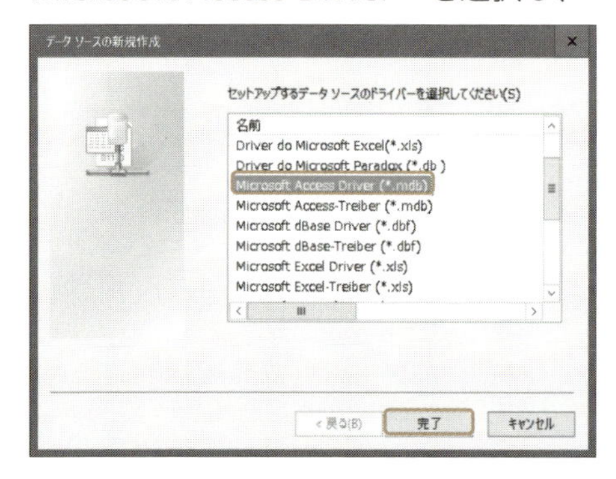

❺「ODBC Microsoft Accessセットアップ」画面で、「データ ソース名」に判別しやすい任意の名前を入力し（ここでは「社内管理システム」)、「データベース」の<選択>をクリックします。

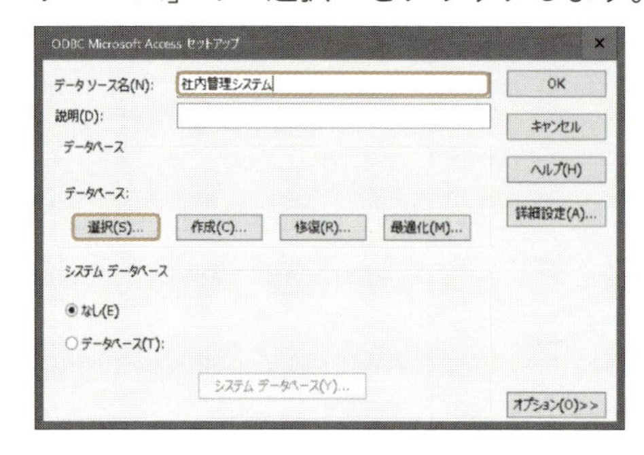

❻「データベースの選択」画面で、接続したいAccessファイルを選択し、< OK >をクリックします。

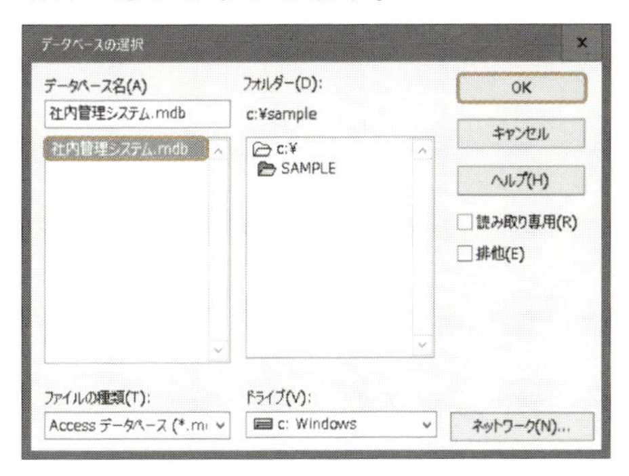

❼「ODBC Microsoft Accessセットアップ」画面で< OK >をクリックします。「ODBCデータソースアドミニストレーター」画面に戻るので、「ユーザー データソース」の一覧に手順❺で追加したデータソース名が表示されていれば完了です。

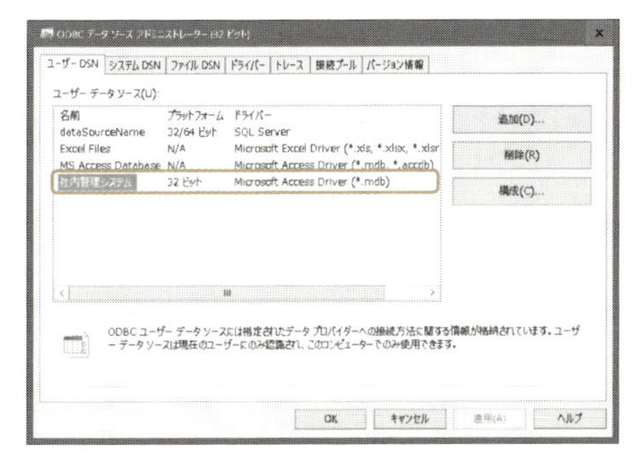

以上でODBCでAccessに接続できるようになります。

ODBCでSQL Serverに接続

ODBCでSQL Serverに接続するには、P.225❶～❷を参考に「ODBCデータソースアドミニストレーター」画面を表示し、以下の操作を行います。

❶「ODBCデータソースアドミニストレーター」画面で<ユーザーDNS>タブを表示し、<追加>をクリックします。

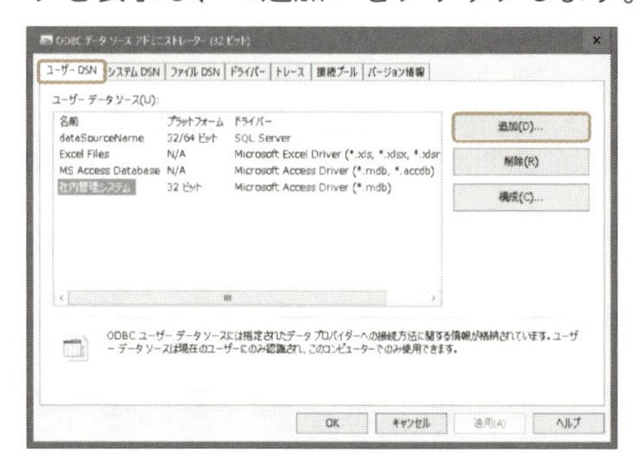

❷「データソースの新規作成」画面で、データソースドライバの一覧から「SQL Server」を選択し、<完了>をクリックします。

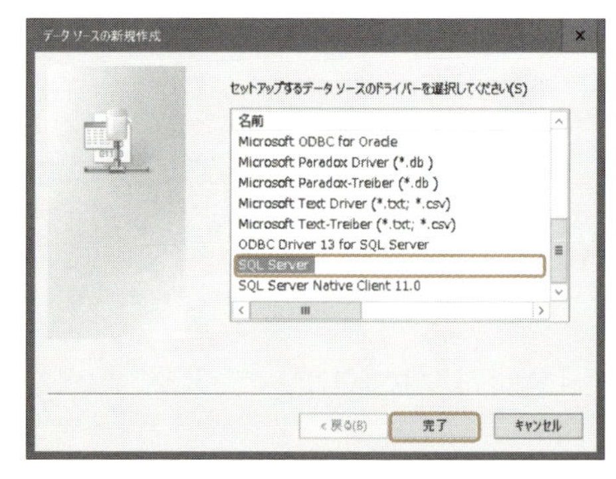

❸「SQL Serverに接続するための新規データソースを作成する」画面でデータソースの「名前」に任意の名前を入力し、SQL Serverの「サーバー」にはSQL Serverのサーバー名を入力します。データソースの「説明」については、とくに入力する必要はありません。入力したら、<次へ>をクリックします。

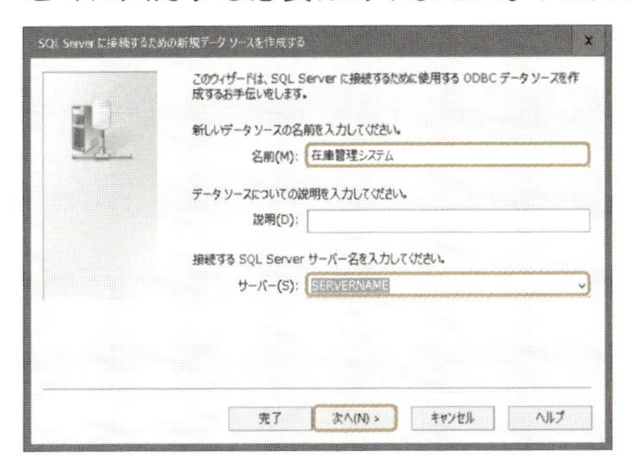

❹図のような画面が表示されるので、SQL Serverに接続するための情報を正しく入力します。入力したら、<次へ>をクリックします。

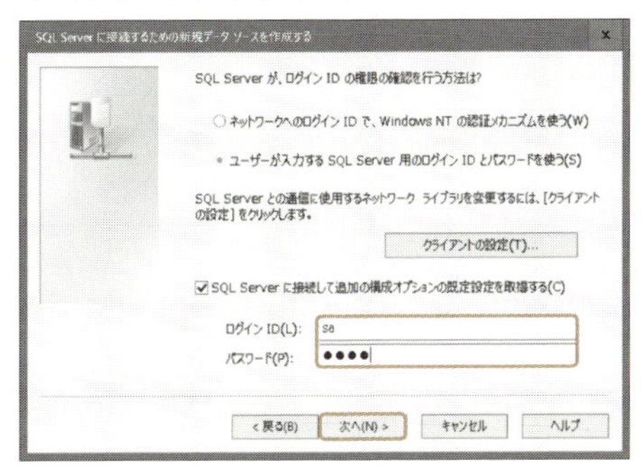

❺接続するデータベースの情報を入力します。入力したら、<次へ>をクリックします。

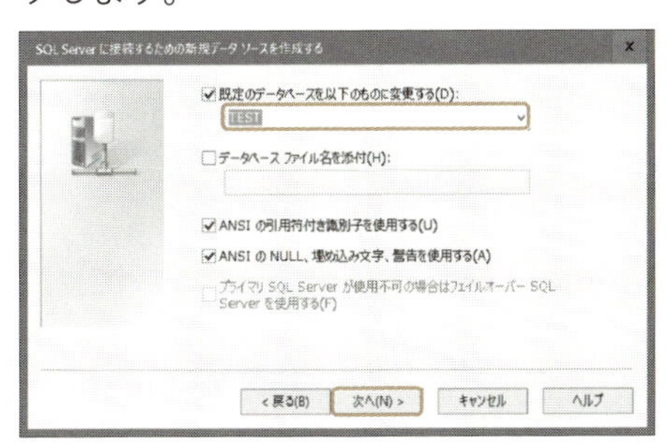

❻必要に応じて、その他の情報を入力します。入力したら<完了>をクリックします。

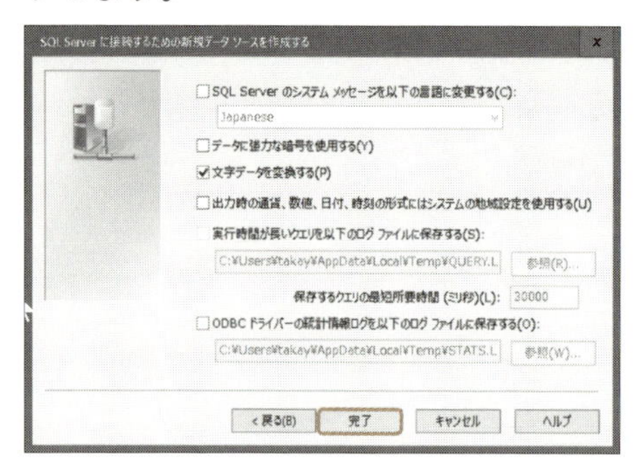

❼図のような画面が表示されるので、<データ ソースのテスト>をクリックします。

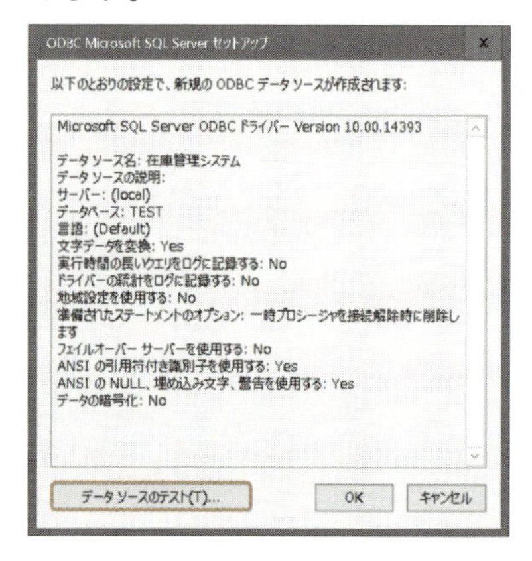

❽入力した接続情報が正しければ、以下のような画面が表示されます。< OK >をクリックします。

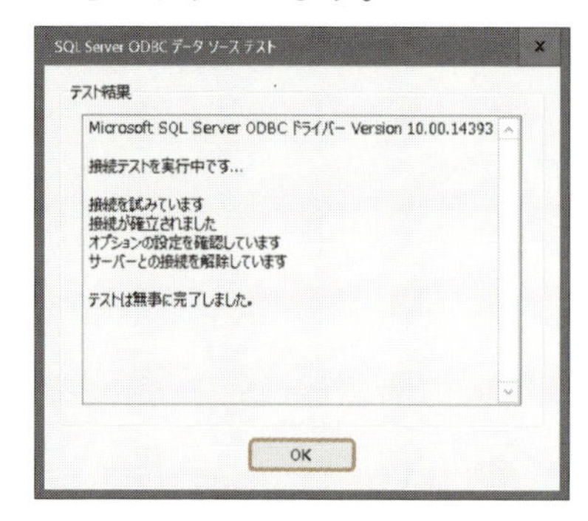

❾「ODBC Microsoft SQL Server セットアップ」画面で< OK >をクリックします。「ODBCデータソースアドミニストレーター」画面に戻ったら、「ユーザー データソース」の一覧に手順❸で追加したデータソース名が表示されていれば完了です。

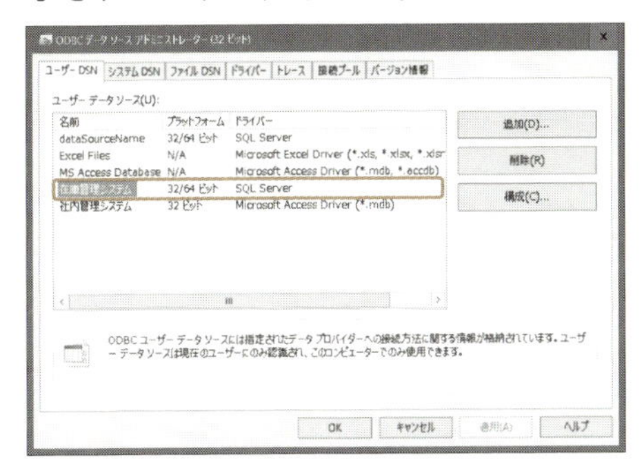

Excel VBAでのODBC接続について

ODBCの設定が完了したら、Excel VBAでODBCデータソースに接続する方法について見てみましょう。冒頭でも述べましたが、ODBCを経由することで、データベースの種類を意識することなく、データベースに接続することができます。

つまり、データベースの種類がAccessであろうとSQL Serverであろうと、接続方法に違いはありません。ADODB.ConnectionオブジェクトのConnectionStringプロパティに設定するデータベース接続文字列に悩む必要がないのです。

サンプルコードは次のようになります。

■Excel VBAでODBCに接続するコード

```
'変数の宣言を強制します
Option Explicit

Sub ODBC接続サンプル()
    '変数objConnを宣言します
    Dim objConn As Object

    'objConnにADODB.Connectionのオブジェクトをセットします
```

```
    Set objConn = WScript.CreateObject("ADODB.Connection")

    'ODBCデータソースに接続します
    objConn.Open _
        "DSN=dataSourceName;" & _
        "UID=user;" & _
        "PWD=password;"

    '変数objCmdを宣言します
    Dim objCmd As Object

    'objCmdにADODB.Commandのオブジェクトをセットします
    Set objCmd = WScript.CreateObject("ADODB.Command")

    'ADODB.Commandの接続先にODBCデータソースを指定します
    objCmd.ActiveConnection = objConn

    '実行するSQLを指定します
    objCmd.CommandText = "SELECT name FROM TBL_EMPLOYEES WHERE code = 1"

    'SQLを実行します
    objCmd.Execute

    '変数objRsを宣言します
    Dim objRs As Object

    '実行したSQLの結果セットを開きます
    Set objRs = WScript.CreateObject("ADODB.Recordset")

    '実行したSQLの結果セットを開きます
    objRs.Open objCmd

    '結果セットの1行目・1列目の値を表示します
    Call MsgBox(objRs.Fields(0).Value)

    '結果セットを閉じます
    objRs.Close

    'SQL Serverデータベースとの接続を閉じます
    objConn.Close
End Sub
```

このサンプルプログラムは、「datasourceName」というODBCデータソース名で設定したデータベースに対し、ユーザーID「user」、パスワード「password」で接続し、「TBL_EMPLOYEES」テーブルから「code」が"1"の「name」の値を取得し、その値をメッセージボックスで表示します。

ADODB.ConnectionオブジェクトのOpen()メソッドのプロパティに指定したデータベース接続文字列にて、"DSN="の後ろに接続先のデータ ソース名を指定します。また、必要に応じてユーザー名"UID"とパスワード"PWD"を指定します。たったこれだけで、ODBCの接続先データベースの種類を考慮する必要がありません。

64ビット環境でのODBCの設定について

64ビットのWindows OSの場合、ODBCデータソースにも32ビット環境と64ビット環境が存在します。コントロールパネルの管理ツールを開くと、「ODBCデータソース（32 ビット）」と「ODBCデータソース（64 ビット）」の2つが確認できます（P.225参照）。

32ビットのODBCデータソースと64ビットのODBCデータソースを起動し、追加できるデータソースの種類を見比べるとわかりますが、新たなドライバを追加していない限り、64ビット環境で追加可能なデータソースの種類は32ビット環境で追加可能なデータソースの種類よりも少ないはずです。

■32ビットのODBCデータソースの場合

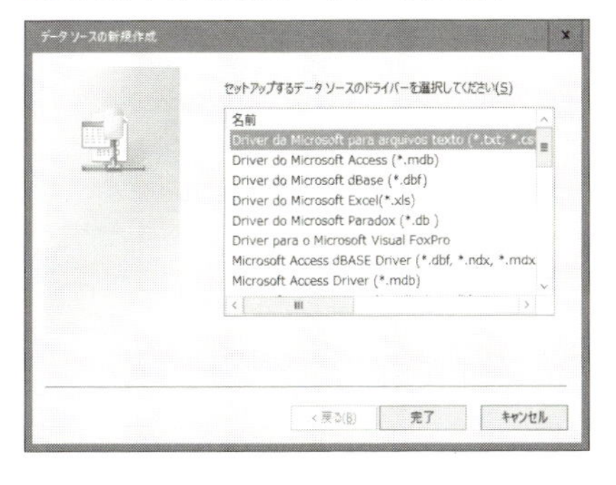

■64ビットのODBCデータソースの場合

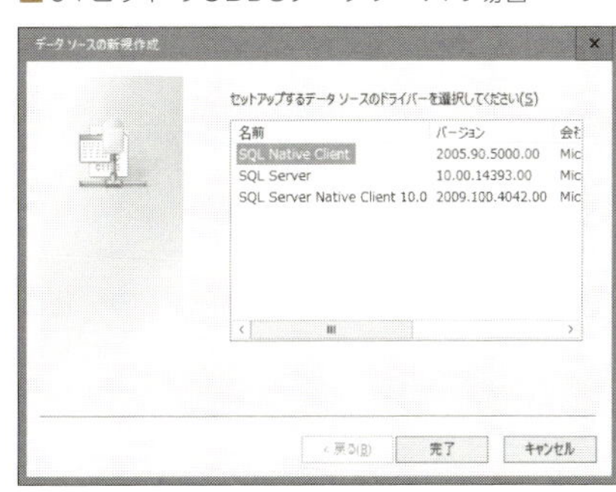

前述のMicrosoft Access Driverについても、64ビット環境には初期状態では存在しません。

ODBCデータソースに新たな接続先を追加する場合も、32ビット環境に追加したのか64ビット環境に追加したのかを意識する必要があります。ただ、64ビット環境の場合は初期状態で利用可能なODBCドライバの種類が少ないため、必然的に32ビット環境に接続先を追加して、32ビット環境で動作するスクリプトを作成することになるでしょう。

なお、自分のパソコンが32ビットか64ビットかがわからない場合、Windows 10であればエクスプローラーを開き、左側のツリービューから＜PC＞を右クリックして＜プロパティ＞をクリックします。表示される画面の「システムの種類」で32ビットか64ビットか確認することができます。

■「システムの種類」で32ビットか64ビットか確認することができる

- **ODBCはMicrosoft社が提唱するデータベースに接続する際の標準仕様**
- **ODBCを利用することで異なるデータベースの種類であってもデータベースに接続できる**
- **ODBCには64ビット用のドライバと32ビット用のドライバがある**

第6章

データベースの活用例を知ろう

Section 01

経営戦略の意思決定に役立てるデータウェアハウス

業務では日々さまざまなデータが発生し、そのデータをデータベースに蓄積します。それらのデータは、経営戦略の意思決定に役立てることができます。そのようなデータベースを「データウェアハウス」と言います。

データウェアハウスとは

企業などの組織では、日々の業務でさまざまなデータを収集しています。「データウェアハウス」とは、収集したデータを分析し、経営戦略などの意思決定支援のために活用するために再構築したデータベースのことを言います。

データウェアハウスの「ウェアハウス」には、「倉庫」という意味があります。つまり、データウェアハウスとは「組織の意思決定支援のために収集されたデータの倉庫」という意味です。では、データウェアハウスは、日常業務で使用しているデータベースと何が異なるのでしょう？

日常業務で使用しているデータベースは、日常業務で使用しやすいようにデータを蓄えています。そのため、このデータをそのまま意思決定支援に使用するといろいろと不都合が生じることがあります。

たとえば、データの冗長化をなくすために正規化されたテーブルを使用していたり、データの追加や削除が頻繁に行われるため、あえてインデックスを作成していないテーブルもあったりするでしょう。意思決定支援の例としては、過去3年間における顧客の年齢層別売れ筋商品ランキングを調べるなど、膨大な量のデータを一度に処理する必要があります。そのため、正規化されたテーブルやインデックスが作成されていないテーブルでは、データの取得や解析に時間がかかりすぎてしまいます。

データウェアハウスでは、意思決定支援しやすいように業務データを再構築します。データウェアハウスを部門別や業務別などのある基準によって分割したものが「データマート」です。データを分割することで、データベースサーバーへのアクセスが遅くなってしまったり、解析処理でデータベースサーバーに負荷がかかったりといった問題点を克服することができます。

■データウェアハウスとデータマート

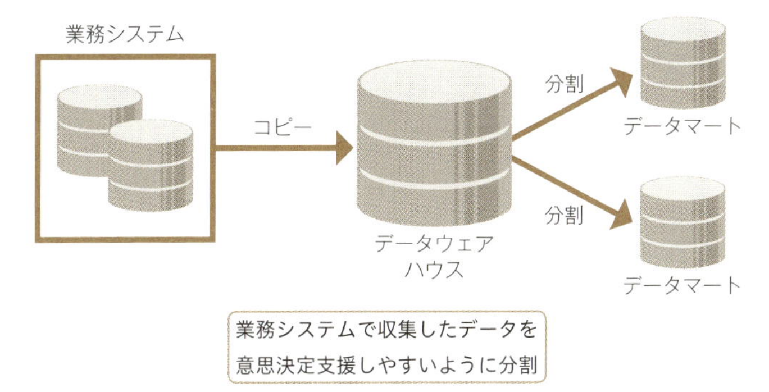

OLAPとデータマイニング

それでは、データウェアハウスの利用方法を見てみましょう。データウェアハウスの利用方法には、「OLAP」(オンライン分析処理)と「データマイニング」の2つがあります。

OLAPとは、データを集計して予測を行うことです。たとえば、過去3年間における売れ筋商品を月別や地域別に集計し、来月の販売数量を予測して地域ごとの在庫数量を決定するなどといった場合に利用されます。

データマイニングとは、収集したデータをさまざまな角度から観察し、データの相関性を見つけ出すことです。データマイニングの有名な例として、「おむつとビール」の話しがあります。何の関連性もなさそうなおむつとビールですが、実際にアメリカで行ったデータマイニングの結果、「おむつを買いに行かされた父親はついでにビールを買う傾向がある」ということが導き出されたそうです。データマイニングでは、このようにして導き出された相関関係を、企業の経営戦略に活かすために使用します。

ドリルダウン・スライシング・ダイシング

OLAPのデータ分析の手法は、次の3つがあります。

- ドリルダウン
- スライシング
- ダイシング

この3つの手法により、さまざまな視点から2次元表を生成します。この2次元表のことを、「ディメンション」と言います。また、OLAPのデータ分析のために生成されたデータベースを、その論理的な構造から「多次元データベース」と言います。

■OLAPによる多次元データベースの分析

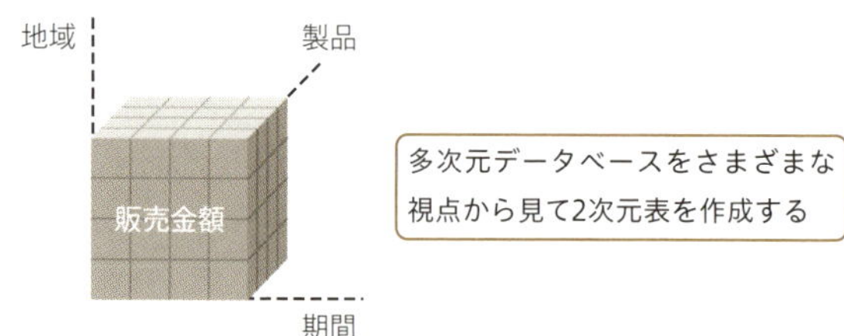

全製品	2014年度	2015年度	2016年度
関東	48,798	62,345	52,342
東北	23,932	23,244	13,245
北陸	12,355	23,422	23,232

ドリルダウン →

全製品	2016年4月	…	2017年3月
関東	2,342	…	8,778
東北	1,211	…	4,343
北陸	678	…	673

スライシング ↓

製品A	2014年度	2015年度	2016年度
関東	23,113	34,513	34,134
東北	12,321	13,413	11,989
北陸	11,341	12,121	9,898

ダイシング ↘

全地域	2014年度	2015年度	2016年度
製品A	46,775	60,047	56,021
製品B	21,345	13,456	23,411
その他	16,965	35,508	9,387

ドリルダウン

ドリルダウンとは、ディメンションを掘り下げる操作です。図の例では、期間ディメンションを年から月にドリルダウンしています。また、ドリルダウンとは逆に、上位の階層に戻ることをドリルアップと言います。

スライシング

スライシングとは、多次元データベースの目に見えていない奥行きになっている次元に切れ目を入れて（スライスして）、データの対象を絞り込む操作です。図の例では、奥行きである「製品」をスライスし、製品Aだけに絞り込んだディメンションを作成しています。

ダイシング

ダイシングとは、多次元データベースをサイコロ（ダイス）に見立て、それを転がす（ダイシングする）ことにより、目に見える面（ディメンション）を変更する操作です。図の例では、ダイシングによって「地域」ディメンションから「製品」ディメンションに切り替えています。

R-OLAPとM-OLAPの違い

OLAPのシステムは、「R-OLAP」と「M-OLAP」の2つに大分することができます。

R-OLAP

R-OLAPは、Relation OLAPの略で、OLAP分析の操作をリレーショナル型データベースに対して直接SQLを実行し、仮想的な多次元データベースを構築する手法です。

SQLの解釈をリレーショナル型データベースが行うため、業務で稼働しているデータベースに負荷をかけやすく、データベースサーバーのスペックやOLAP分析のために生成されたSQLコマンドによっては、レスポンスが悪くなってしまう可能性があります。

M-OLAP

M-OLAPは、Multi Dimensional OLAPの略です。あらかじめ物理的な多次元データベースをバッチ処理によって作成しておき、OLAP分析ではリレーショナル型データベースを直接参照するのではなく、多次元データベースを使用する手法です。

R-OLAPと比較すると、業務で使用しているリレーショナル型データベースに負荷をかける心配がなく、またR-OLAPよりも高速です。ただし、バッチ処理を実行するタイミングにもよりますが、バッチ処理によって作成されたタイミングでの業務データを参照することになるので、常に最新の業務データが参照できるわけではありません。

■R-OLAPとM-OLAPの違い

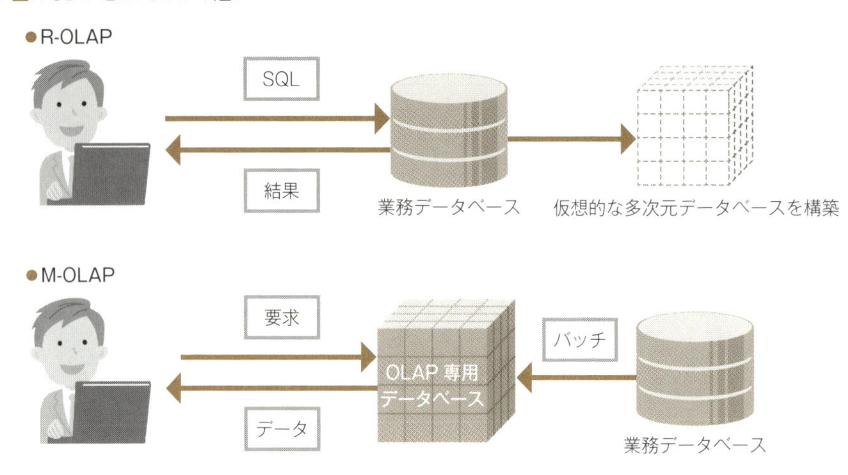

このように、R-OLAPにもM-OLAPにもメリットとデメリットがあります。どちらのOLAPを採用するか、まずはOLAP分析の導入が検討されることになった問題点を正しく理解することが肝要です。

- データウェアハウスは経営戦略の意思決定に利用するデータベース
- OLAPとはデータを集計して予測を行うこと
- データマイニングとは収集したデータからデータの相関性を見つけ出すこと

Section

02 ビッグデータとNoSQL

検索エンジンが日々蓄積しているWebデータのような超大量データの扱いは、リレーショナル型データベースには向いていません。ここでは、大量データ（ビッグデータ）の取り扱いについて解説します。

リレーショナル型データベースの弱点

長年隆盛を極め、データベースの主流となっていたリレーショナル型データベースですが、昨今の大規模情報化社会において、その欠点が顕著に目立ち始めました。

「リレーショナル型データベースは、大量のデータ処理に弱い」

この「大量のデータ」は「ビッグデータ」（Big Data）と呼ばれています。現在の主流であるリレーショナル型データベースは、ビッグデータに弱いのです。

これは、パソコンだけでなくスマートフォンやタブレット端末から、いつでもどこでもかんたんにビッグデータにアクセスできるようになった現代のクラウド社会においては、かなり重大な欠点です。

実際、検索エンジンで有名なGoogle社では、保持している大量のWebページに関するデータは、Bigtableというリレーショナル型データベースではないデータベースによって管理されています。リレーショナル型データベースを利用しなかったもっとも大きな理由は、「リレーショナル型データベースでは遅いから」です。検索ボタンをクリックしたら、瞬時に検索結果を表示する必要があるので、ユーザーを何秒も待たせるわけにはいかないのです。Google社のデータベースだけではありません。大量データを扱うようになった現代のクラウド社会においては、リレーショナル型データベースでは不都合な点が散見し始めました。

そして、リレーショナル型データデータベースから別のデータベースを利用するための動きが高まり始めました。リレーショナル型データベースと対話するための言語である「SQL」をその名に含む**「NoSQL」**(Not Only SQL)という動きです。

その名から「SQLはもう不要」ともとれる挑発的なこの動きは、時代の必要性によって、着実に広まり始めています。NoSQLに分類されるデータベースは、リレーショナル型データベースほど高機能ではないものの、その軽量さが特徴です。今後、より多くのデータ処理を行う可能性が増えるにつれ、NoSQLに分類されるデータベースがリレーショナル型データベースを代替する場面も増えていくことでしょう。

とはいえ、現在の主流といえるデータベースは、やはりリレーショナル型データベースです。データの処理速度よりもデータの整合性を保ち続けることのほうが重要であることも多いでしょう。いくら高速に処理できるATMとはいえ、振り込んだ金額がたまに預金通帳に反映されないなどということはあってはなりません。現時点では、ATMのデータベースには、軽量ではなくとも高機能なリレーショナル型データベースのほうに軍配が上がることでしょう。ATMだけの話ではなく、今後もさまざまな業務において、リレーショナル型データベースが一気にNoSQLによって塗り替えられるということはありません。

■リレーショナル型データベースとNoSQLデータベースの違い

	メリット	デメリット
リレーショナル型データベース	トランザクション処理に向いている	大量のデータを扱う場合のパフォーマンスが悪い
NoSQLデータベース	大量のデータを高速に扱うことができる	トランザクション処理が犠牲にされる場合が多い

NoSQLの種類

さて、NoSQLと一口に言っても、そのデータモデルはさまざまです。NoSQLは、特定のデータモデルを指す言葉ではないのです。NoSQLには次のようなデータモデルがあります。

キーバリュー型データベース

KVS（Key-Value Store）とも表記されます。データを「キー」と「値」という形でデータベースに格納します。データを取得する際は、「キー」を検索することで「値」を取得します。

■キーバリュー型データベース

Key	Value
1	名前 :" 門脇翠 " 性別 :" 女 " 生年月日 :"1964/08/28" 年齢 :52 血液型 :"A"
2	名前 :" 大嶋孝司 " 性別 :" 男 " 生年月日 :"1968/08/11" 年齢 :48
3	名前 :" 田川常吉 " 生年月日 :"1992/08/07" 年齢 :24 血液型 :"B"
4	名前 :" 岩城晴雄 " 性別 :" 男 " 年齢 :45 血液型 :"A"
5	名前 :" 沢村昌枝 " 性別 :" 女 " 生年月日 :"1972/10/14" 年齢 :44

キーを検索することで値を取得。レコードごとにValueの構造が異なっても構わない

ドキュメント型データベース

ドキュメント型データベースは、不定形な構造のドキュメント単位でデータを管理します。ドキュメント型データベースの大半は、ドキュメントを**JSON**（JavaScript Object Model）で記述するため、クライアントサイドにJavaScriptを用いることが多いWebアプリケーションとの相性がよいのが特徴です。**ドキュメント指向データベース**とも呼ばれています。

■ドキュメント型データベース

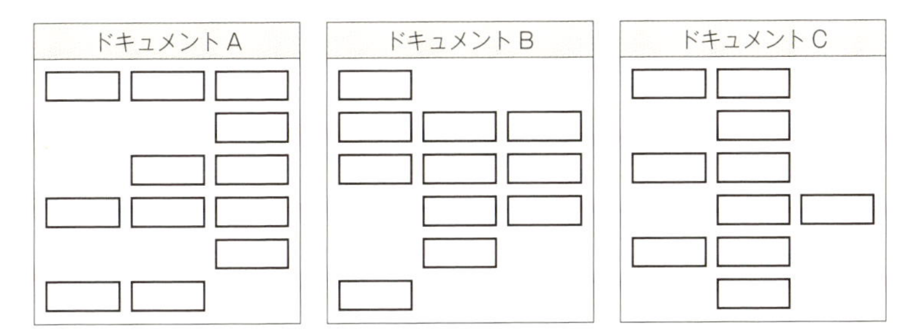

決められたデータ構造ではなく、不定形な構造のドキュメントによって構築されたデータベース

カラムファミリー型データベース

カラムファミリー型データベースは、Google社が自社開発したBigTableという検索エンジンのためのデータベースをもとに、再度研究・開発された

データモデルです。カラムファミリー型データベースの特徴は、多くのデータベースサーバーにデータを分散することを前提としています。

リレーショナル型データベースと同様、データをテーブル構造で管理しますが、複数のフィールド（カラム）をまとめたカラムファミリーという単位で列を構成します。

■カラムファミリー型データベース

	カラムファミリー1			カラムファミリー2		カラムファミリー3		
	カラムA	カラムB	カラムC	カラムD	カラムE	カラムF	カラムG	カラムH
1								
2								
3								
4								
5								

複数のカラムをまとめたカラムファミリーという列単位を使用する

そのほかに、数学のグラフ理論をもとに開発された**グラフ型データベース**があります。

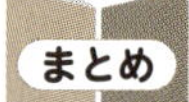

- **リレーショナル型データベースはビッグデータに弱いという欠点がある**
- **ビッグデータにはNoSQLというデータベースを利用する**
- **NoSQLはリレーショナル型データベースの弱点を補完する**

Section

03 負荷やリスクを分散する分散データベース

データベースには、負荷やリスクを分散するためのしくみが備わっています。これは、「分散データベース」という技術によって実現されます。本節では、「分散データベース」について説明します。

分散データベースとは

「分散データベース」とは、物理的に分散したデータベースを、論理的に1つのデータベースとして扱う技術です。ユーザーは、データベースが分散されていることを意識することなく、データベースを使用することができます。データベースを物理的に分散すると、以下のような2つの大きなメリットがもたらされます。

リスクの分散

まず1つ目のメリットは、障害によるリスクの分散です。もしデータベースが物理的に1つであった場合、そのデータベースに何らかの障害が発生してデータベースが停止すると、提供されるすべてのサービスが停止してしまいます。その点、分散データベースはデータベースの実体が複数存在するので、データベースの1つに障害が発生しても他のデータベースによってサービスを提供し続けることができます。

負荷分散

2つ目のメリットは、負荷分散です。データベースが1つの場合、アクセスが集中するとデータベースサーバーに負荷がかかり、パフォーマンスが著しく悪化します。また、遠隔地からのアクセスの場合、ネットワークに関する通信費用や通信時間もネックとなります。これに対し、分散データベースの場合、遠隔地にデータベースを直接配置することでネットワーク通信による問題点は解消されますし、データベースのアクセスも分散し、パフォーマンスの改善を見込めます。

■分散データベースのしくみ

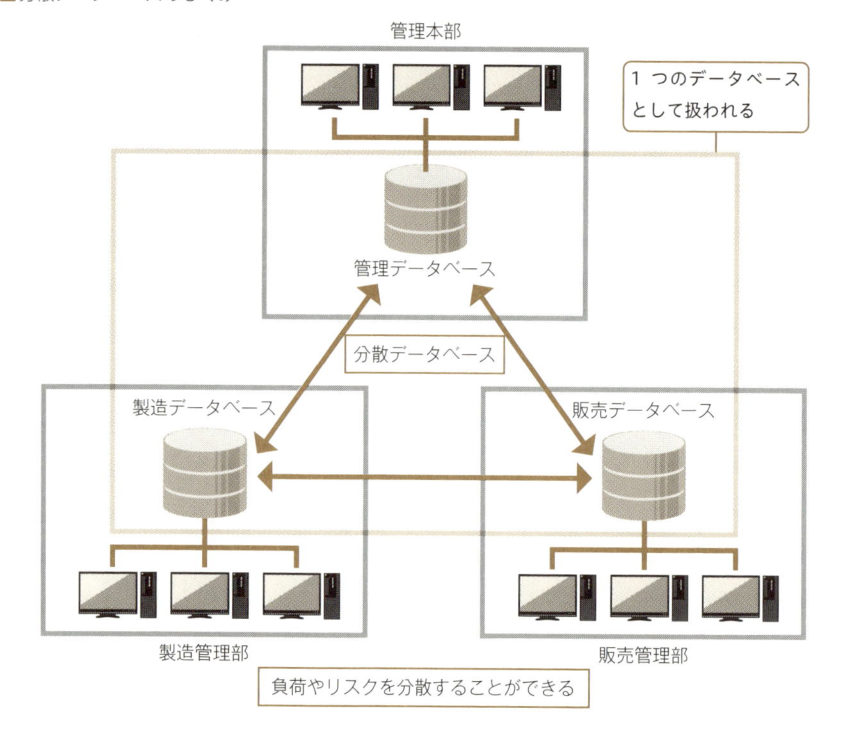

分散データベースの種類

分散データベースは、その機能によって、「垂直分散型」と「水平分散型」の2つに大別することができます。

垂直分散型は、データベースサーバーどうしの関係に階層構造を持っていることが特徴です。上層レベルに位置付けられているデータベース（主サーバー）にないデータは、下層レベルに位置付けられているデータベース（従サーバー）に問い合わせることで、下層レベルのデータが集約された形で保持されます。

水平分散型では、データベースサーバーごとに異なる種類のデータが保持されます。自分のデータベースに存在しないデータは、他のデータベースに問い合わせます。

■垂直分散型

主サーバー

従サーバー　従サーバー　従サーバー

主サーバーにないデータは従サーバーに問い合わせる

■水平分散型

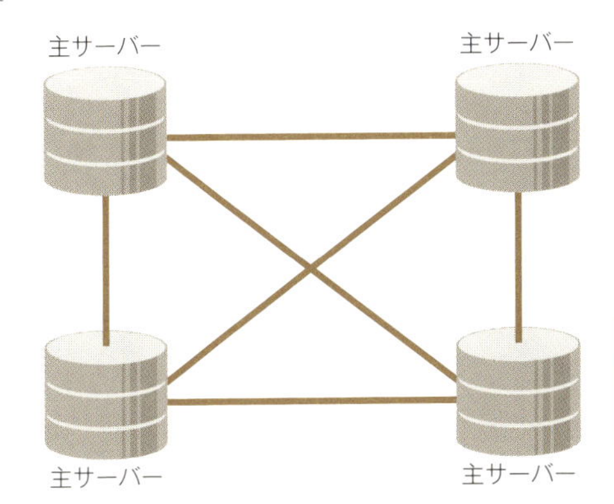

- **分散データベースとは物理的に分散したデータベースを論理的に1つとして扱う技術**
- **分散データベースには負荷分散とリスク分散というメリットがある**
- **分散データベースは垂直分散型と水平分散型に大別できる**

Section 04

複数データベースの同期とレプリケーション

データベースシステムには、複数のデータベース間で同期をとるためのレプリケーションという機能が存在します。レプリケーションを利用することで、複数の拠点に点在するデータベースをミラーリングすることが可能です。

レプリケーションとは

複数のデータベース間で同期をとるレプリケーションの機能を利用することで、前節で解説した分散データベースを実現できます。

あたかも同じ1つのデータベースを参照しているかのように振る舞うことが可能なので、たとえば、東京本社と大阪営業所のように地理的に離れているデータベースサーバーであっても、レプリケーションによってまるで1つのデータベースサーバーのようにデータの操作が行えます。つまり、東京本社で変更したデータは大阪営業所のデータベースサーバーにも反映され、大阪営業所で変更したデータは東京本社にも反映されます。また、物理的にデータベースサーバーが分離しているため、大阪営業所のデータベースサーバーが故障した場合でも、東京本社のデータベースサーバーは問題なく利用することができます。

SQL Serverでのレプリケーション例

SQL Serverを例にして解説すると、でレプリケーションの機能を利用するには、拠点のサーバー（子サーバー）間でデータを統一するための監視役となるサーバー（親サーバー）が1つ必要となります。

拠点間で同期をとる方法としては、親サーバーから子サーバーに対して同期するデータを要求する方法と、子サーバーから親サーバーに対して同期するデータを要求する方法の2とおりあります。前者を「プッシュサブスクリプション」、後者を「プルサブスクリプション」と言います。

■プッシュサブスクリプションとプルサブスクリプション

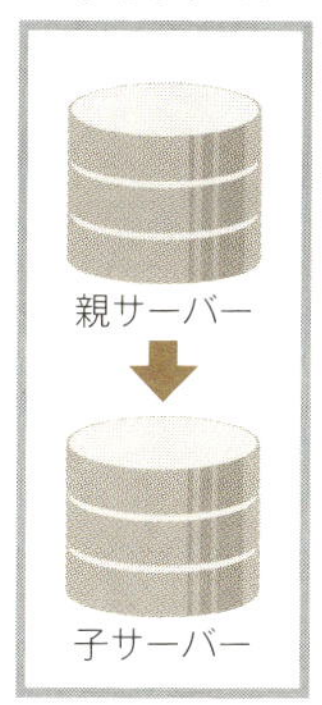

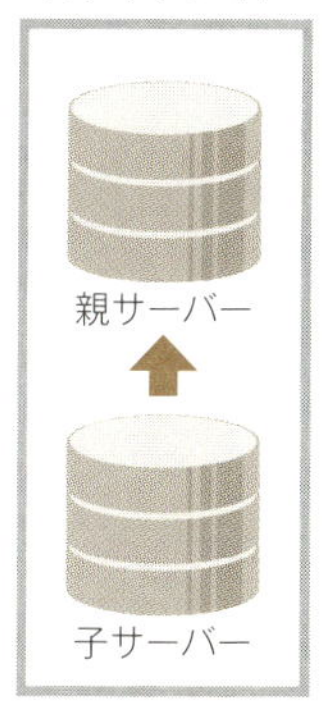

親サーバーから子サーバーに同期を要求

子サーバーから親サーバーに同期を要求

異なる拠点間で同一のデータを修正した場合のデータ競合については、データ競合時の優先順位を子サーバーごとに設定できます。「早い者勝ち」といった設定も可能です。

子サーバーには有効期間が設けられており、その有効期間内に親サーバーと同期をとらなかった子サーバーに関しては、レプリケーションの対象から除外されてしまいます。有効期間の初期値は2週間となっていますが、任意の期間に変更することが可能です（有効期間を無期限に設定することもできます）。

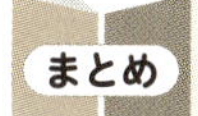

- **レプリケーションとは複数のデータベース間で同期をとる技術のこと**
- **SQL Serverのレプリケーションには親サーバーから子サーバーにデータを同期させるプッシュサブスクリプションと子サーバーから親サーバーにデータを取りにいくプルサブスクリプションの2つがある**

Section 05

クラウドでのデータベース活用

データベースサーバーを自社に設置するのではなく、クラウドサービスを利用するのも一考です。自社サーバーほどに自由度は高くありませんが、サーバー管理の煩わしさから解放されるメリットがあります。

クラウドとは

「クラウド」(Cloud)という単語は、2008年頃から広く使われるようになったIT業界のバズワード(流行語)です。IT業界のバズワードと言えば、最近では「フィンテック」(FinTech)や「ビックデータ」(BigData)、「ブロックチェーン」(BlockChain)などがありますが、その中でもとくに「クラウド」は認知度が高い単語と言えます。

クラウドとは、写真や動画などのファイル、さらにはアプリケーションをインターネット上に保管することにより、さまざまなサービスをネットワーク経由で行うための技術です。これにより、パソコンやスマートフォンなどの手元のコンピューターのストレージを軽量化することができ、さらには複数のコンピューターでデータを共有化できるメリットがあります。クラウドサービスには、Google社のメールサービスである「Gmail」や、Microsoft社のオンラインストレージである「OneDrive」、DropBox社の「DropBox」などが該当します。

クラウド(Cloud)は、「雲」という意味の英語であり、インターネットによって提供されるWebサービスについて、そのユーザーはサービスの技術背景を知ることなく利用できるため、雲のような曖昧なものという理由から用いられた用語です。実際、何を持ってクラウドサービスと呼ぶかが曖昧で、一般的にはWebサービスはすべてクラウドとして扱われています。

しかし、IT技術者の場合ですと「クラウド」などという曖昧な表現を避け、もっと具体的な技術によって会話が為されており、どちらかというと、営業職の方々がITに詳しくない一般ユーザーにサービスの概要を説明する際に使用されているようです。

Google社の元CEOは、「インターネットがローカルのコンピューターと同じスピードでアクセスできるようになれば、すべてのストレージがインターネット上に移行する」と予言しています。

また、サン・マイクロシステムズ社（Sun Microsystem。現在は、Oracle社に買収）のCTOであったグレッグ・パパドプラスは、2006年11月に自身のブログにて次のように述べています。

「世界のコンピューターは5つあれば足りる。1つはGoogle、2つ目はMicrosoft、そして、Yahoo!、Amazon、eBay、SalesForces.comだ。」

「5つあれば足りる」と言っておきながら6社の名前を挙げているのはさておき、実際、データベースサーバーを自社に設置することは、それほど遠くない将来において、もう必要がなくなるのかもしれません。

クラウドの種類

クラウドのサービス利用形態には、大きく分けて次の3つの種類があります。

1つ目は、SaaS（Software as a Service：ソフトウェア アズ ア サービス）と言われるもので、「エンドユーザーに提供される完成したサービスとしてのクラウド」を意味します。たとえば、Gmail、OneDrive、DropBoxなど、私たちが使用しているWebサービスそのものです。

2つ目は、PaaS（Platform as a Service：プラットフォーム アズ ア サービス）と言われるもので、クラウド経由で提供されるソフトウェアの基盤を成すものです。SaaSによるクラウドサービスの提供を考慮する場合、ソフトウェア開発者はPaaSを提供するクラウドサービス企業と契約し、そのPaaS上にシステムを構築します。Windows ServerやLinuxなどのOSや開発環境などがその例です。

3つ目は、HaaS（Hardware as a Service：ハードウェア アズ ア サービス）と言われるもので、クラウドサービスを提供する物理的な媒体、インフラを差します。何もインストールされていないストレージやコンピューターなどがその例です。

■クラウドのサービス利用形態の種類

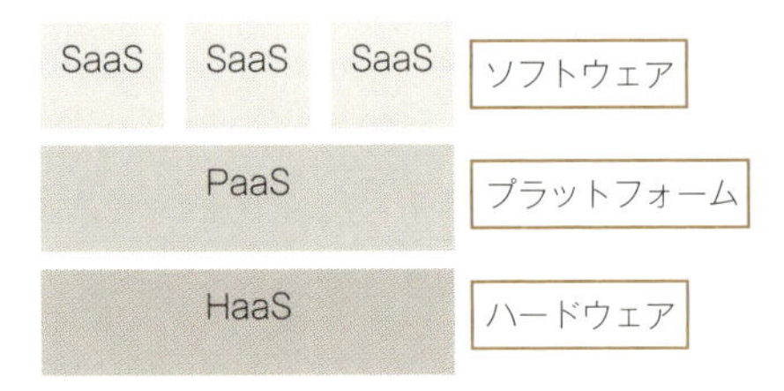

クラウドでデータベースサーバーを利用する場合、コンピューターだけを借りたり、データベースシステムがインストールされたコンピューターを借りたり、また、データベースを利用したアプリケーションをクラウド経由で提供したりと、さまざまな使い方が可能となります。

クラウドデータベースの例としては、Amazon社が提供する**Amazon Web Service（AWS）**にAmazon Relational Database Service（**Amazon RDS**）というリレーショナル型データベースのサービスがあります。Amazon Auroraというデータベースシステムのほか、SQL Server、Oracle、PostgreSQL、MySQLなどから選んで利用することができます。また、**Amazon DynamoDB**というNoSQL型データベースサービスも提供されています。

■AWSではクラウドでデータベスを利用することができる

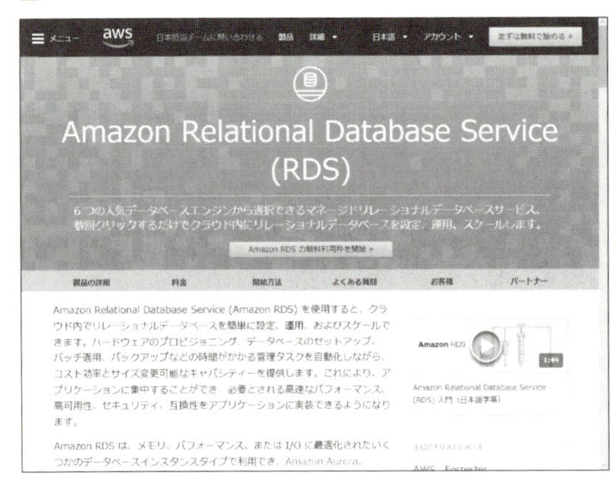

クラウドサービスを利用するメリットとデメリット

データベースサーバーとしてクラウドサービスを利用するメリットとデメリットを考えてみます。

メリットとしては、次のようなものが挙げられます。

・データベースサーバーの物理的な媒体（コンピューター）を自社内に設置しなくてよいため、その分のスペースを確保できる
・データベースサーバー本体を保守する必要がない（ディスク障害等を懸念する必要がない）
・データベース構築までの工数を短縮化できる（物理的な媒体を用意する必要がなく、Webサービスなどのインストールはすでにされている）

反面、次のようなデメリットが考えられます。

・ネットワーク環境に依存するため、たとえば社内システムにてクラウドを利用する場合、社外へのインターネット回線に不具合が発生した場合は社内システムが使えなくなってしまう
・自社で用意したサーバーではないため、自由度が低い

前者のデメリットについては、インターネット回線の不具合が発生した場合の対策をあらかじめ考慮し、予備回線を設けるなどの手段を講じておく必要があります。後者のデメリットについては、クラウドサービスの選定前のサービスの特徴をよく調査しておくことです。

クラウドを利用する際のセキュリティについても、「クラウドだから危険」ということはありません。クラウドサービスを利用するときに注意すべき点について、ウイルス対策ソフトの「Norton」で有名なノートン社では、クラウドサービスを利用する際にチェックしたいセキュリティについて次のように説明しています（https://japan.norton.com/cloud-security-2923）。

①ファイルや通信経路の暗号化が行われているか
②ログインに多要素認証が用意されているか
③データが多拠点でバックアップされているか
④第三者機関による評価を確認する

①については、たとえばSSL対応などが該当します。②について、これは登録されていない端末ではアクセスできないようにすることで、IDとパス

ワードを不正入手したハッカーによってアクセスされてしまうことを防ぐことができます。③は、データの安全性についてです。④は、クラウドサービスが、第三者によって安全性を保障されたクラウドサービスの利用を勧めています。

また、クラウドサービスを利用する側が注意すべき点については、次のように説明しています。

①過信は禁物
②「野良無線LAN」に注意
③ログインIDはしっかり管理

①については、「もしもクラウドサービスが利用できなくなったときのことを（一応）考えておきましょう」ということです。

②と③については、とくに注意が必要です。まず②について、これは**「どこが提供しているのかよくわからない無線LANのアクセスポイントは、絶対に使用しない」**ということです。悪意を持った者が用意した無線LANのアクセスポイントをうっかり利用してしまうと、IDやパスワードは容易に漏洩します。また、閲覧していたWebページの履歴もすべて知られてしまいますので、注意が必要です。

③については、IDとパスワードが第三者でも容易に知れてしまうような場所では管理しないということです。よくあるのが、モニターに付箋でIDとパスワードを書き留めておくものです。筆者も客先にて頻繁に見受けます。それも、インターネットバンキングに利用すると思われるIDとパスワードでさえ、平気に付箋に書き留めてあることがあり、正直セキュリティ意識の甘さに愕然とします。

まずはサービスを利用する側の立場でセキュリティ意識を高く持つことが重要であることは、とくにクラウドサービスの利用に関してだけではないことはいうまでもありません。

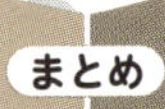

- クラウドとはさまざまなサービスをネットワーク経由で行うための技術
- クラウドには大きく分けてSaaS、PaaS、HaaSの3つがある
- Amazon Web Serviceのようにクラウドを利用したデータベースもある

第7章

データベース技術者としてのスキルアップ

Section

01 さまざまな資格を取る

今後、新たな職場でデータベース技術者としての知識と経験を活かしたいと思った場合、自分の技量を手っ取り早く面接官に評価してもらう方法としては、知名度の高い資格を取ることです。

資格を取ることの重要性

どんなに優れたデータベース技術者であったとしても、それを他人に評価してもらうには、誰が見てもわかりやすい肩書きが必要です。無論、実業務の中で判断してもらうのが一番なのですが、転職の際に面接官の前でスキルをアピールするための手段として有用なのは、**保有資格を提示すること**です。資格を取得することで、その資格を取得するために必要な知識が備わっていることをアピールできますし、そして資格を取得するために努力したことも評価されます。

また、データベース技術者としてさらなる知識の習得のために資格取得を目指すのもよいでしょう。実業務のなかでは偏った知識しか得られない場合もあります。データベース技術者として年数を経過したとしても、たとえばデジタルとアナログの説明さえできないような、実は情報処理に関する基礎的な知識さえ持ち合わせていないことで恥をかくことがあるかもしれません。

■資格があればスキルのアピールができる

ここから、いくつかのデータベースに関する資格を紹介しますが、もし、まだ何も資格を持っていないのであれば、ぜひとも次に挙げる情報処理資格の取得を目指してみてください。きっと、役立つはずです。

情報処理技術者試験とは

「情報処理技術者試験」は、独立行政法人情報処理推進機構（IPA）が主催する、情報処理技術者のための国家資格です。資格の種類としては、ITを利活用する者のための資格、情報処理技術者のための資格の2つに分けることができます。

データベース技術者のための資格としては、「データベーススペシャリスト試験」というものがありますが、合格率が20%を切る非常に難易度の高い資格です。まずは、「ITパスポート」もしくは「基本情報処理技術者試験」の合格を目指しましょう。

・情報処理推進機構のサイト
https://www.jitec.ipa.go.jp/

■情報処理技術者試験

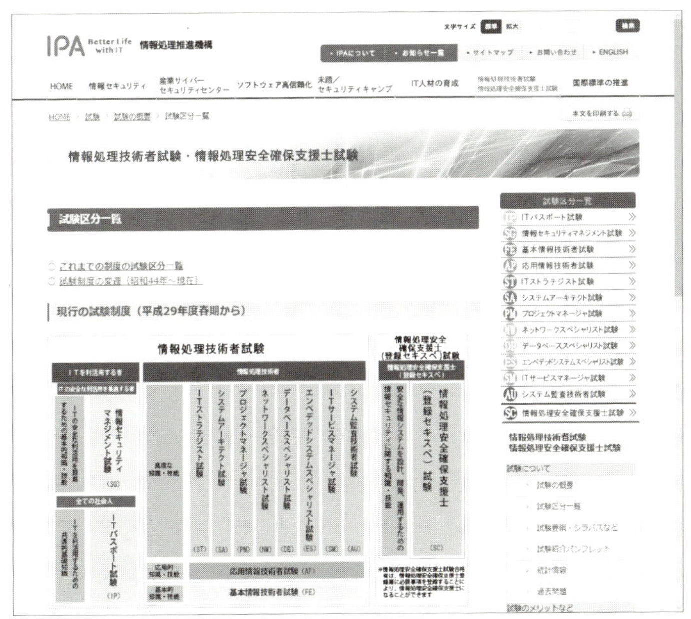

●オラクルマスターとは

「オラクルマスター」は、リレーショナル型データベース「Oracle」を開発元であるOracle社が主催する、Oracleデータベースに関する深い知識を持ったことを証明するための資格です。

資格の難易度によって、「Oracle Bronze」「Oracle Silver」「Oracle Gold」「Oracle Platinum」の4種類に分けることができます。資格試験を受けるOracleデータベースの製品バージョンによって、「ORACLE MASTER Bronze Oracle Database 12c」「ORACLE MASTER Silver Oracle Database 11g」「ORACLE MASTER Silver Oracle Database 10g」など、資格にもバージョン番号が付与されています。

・オラクルマスターポータルサイト
http://www.oracle.com/jp/education/certification/index-172250-ja.html

■オラクルマスター

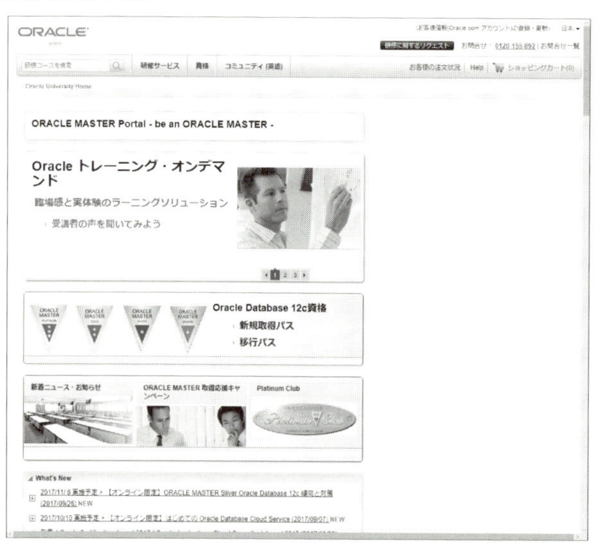

●マイクロソフト認定技術者（MCP）とは

「マイクロソフト認定技術者」（MCP）は、Windows OSやMicrosoft

Office、SQL Serverなどの業務では一般的なソフトウェアを開発・提供している Microsoft社が主催する資格試験です。MCPは、Microsoft社の製品に関する深い知識があることを証明するための資格です。対象レベルに応じて、MCSA、MCSE、MCSDの3つに分けられます。

Microsoft社のデータベース製品と言えば、「SQL Server」と「Microsoft Access」が挙げられますが、MCPにはSQL Serverに関する試験区分はあるものの、Microsoft Accessに関する試験区分は存在しません。Microsoft Accessに関する資格を取得したい場合は、「マイクロソフト オフィス スペシャリスト」(MOS) 試験となります。

・MCPのサイト
https://www.microsoft.com/ja-jp/learning/certification-overview.aspx

■マイクロソフト認定技術者 (MCP)

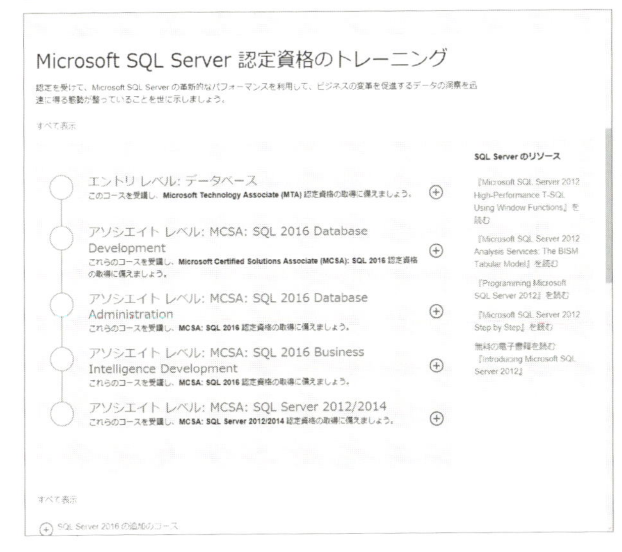

● OSS-DB技術者認定資格とは

「OSS-DB技術者認定資格」は、特定非営利活動法人エルピーアイジャパン(LPI-Japan) が主催する、オープンソースのデータベースシステムに関する技術と知識を問う資格試験です。オープンソースのデータベースシステムといっても、メインで使用するデータベースシステムが決まっており、日本でとくに人気のPostgreSQLが採用されています。そのため、業務でPostgreSQLを使用されている方に有利な資格試験と言えます。

OSS-DB技術者認定資格には、「Silver」と「Gold」の2つのレベルがあります。それぞれ以下のスキルを備えているIT技術者であることを認定します。

OSS-DB Silver

データベースシステムの設計・開発・導入・運用ができる技術者

OSS-DB Gold

大規模データベースシステムの改善・運用管理・コンサルティングができる技術者

・エルピーアイジャパンのサイト
https://oss-db.jp/

■OSS-DB技術者認定資格

まとめ

- データベース技術の習熟度を他人に知らせるには保有資格の提示が有効
- 情報処理技術国家試験は情報処理技術者のための国家資格
- 国家資格以外にもオラクルマスター、MCP、OSS-DBなどの民間資格がある

Section

02 データベース技術者としての実績を積む

前節では、資格を取ることの重要性について説明しました。本節では、資格取得以外にも保有スキルを明確化する手段を説明します。また、複数のデータベース管理システムを学ぶことの大切さについて説明します。

情報処理技術推進機構のITスキル標準を活用

前節でも説明した情報処理技術推進機構（IPA）は、資格取得以外にもITスキルを明確化・体系化する手段を提供しています。たとえば、今までにプロジェクトリーダーとして担ったシステム開発の規模の大小、ITに関する講演経験や書籍執筆の有無など、さまざまな過去の経験によって判別されます。

これは「ITスキル標準」と呼ばれるもので、このITスキル標準が活用される例として、以下の4点を挙げています。

■ITスキル標準の活用例

活用場所	活用例
ITサービス企業	企業戦略に沿った戦略的な人材育成・調達を行う際の指標となる
各種教育・研修サービス提供機関	教育プログラムの提供に際して、どのようなスキルの向上を図るのかを客観的に提示する際の指標となる
プロフェッショナル個人	自らのキャリアパスのイメージを描き、その実現のために自らのスキル開発をどのように行うべきかを判断する指標となる
行政	効果的なIT人材育成支援策を展開するうえでの指標となる

ITスキルは、職種や専門分野によって細分化され、それぞれにおいて7段階のレベルで表現されます。レベルの数値が高いほど、その分野におけるスキルが高いことを示します。

■ITスキルの7段階のレベル

レベル1	情報技術に携わる者に最低限必要な基礎知識を有する
レベル2	上位者の指導のもとに、要求された作業を担当できる
レベル3	要求された作業をすべて独力で遂行できる
レベル4	プロフェッショナルとしてスキルの専門分野が確立し、自らのスキルを活用することによって、独力で業務上の課題の発見と解決をリードできる
レベル5	プロフェッショナルとしてスキルの専門分野が確立し、企業内のハイエンドプレーヤーとして認められる
レベル6	プロフェッショナルとしてスキルの専門分野が確立し、国内のハイエンドプレーヤーとして認められる
レベル7	プロフェッショナルとしてスキルの専門分野が確立し、世界で通用するプレーヤーとして認められる

どの情報処理技術者国家試験を保有するかによっても、ITスキル標準のレベルを示す基準となります。

ぜひ一度、自分の今までの経験が、ITスキル標準においてどのレベルに達しているかを判断してみてください。ITスキル標準に関する詳しい説明は、以下のIPAの関連サイトで確認できます。

・ITスキル標準のキャリアフレームワーク
https://www.ipa.go.jp/jinzai/itss/itss13.html

・ITスキル標準V3ダウンロード
https://www.ipa.go.jp/jinzai/itss/download_V3_2011.html

ITスキル標準のキャリアフレームワークでは、データベースは「ITスペシャリスト」の職種に分類されています。上記のダウンロードサイトで「ITスペシャリスト」の各資料をダウンロードすることで、各レベルごとに要求される実績などを確認できます。

■ITスキル標準のキャリアフレームワーク

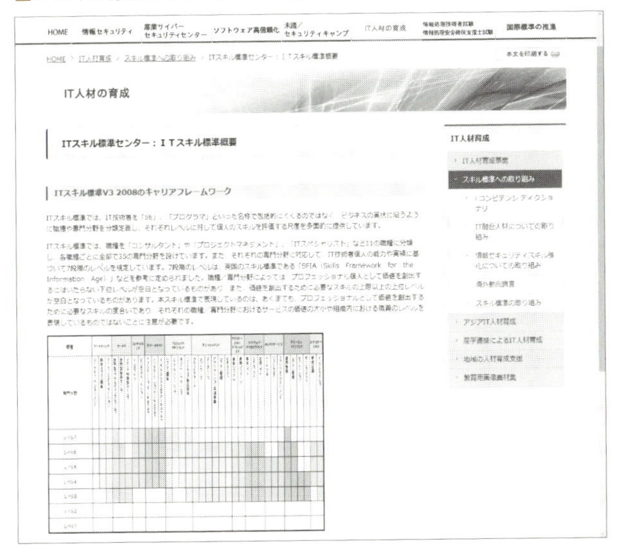

複数のデータベース管理システムを学習

データベース技術者としての経験を積むにあたり、筆者がとくにお勧めしたいのが、複数のデータベースシステムに触れてみることです。業務でSQL Serverしか使用したことがなくても、Oracleデータベースを学ぶことにより、SQL Serverを使うことのメリットやデメリットを再認識することができます。データベースシステムの違いを理解していなければ、いつも自分がよく知っているデータベースしか使用することができません。本来であればもっと最適なデータベースシステムがあるにも関わらず、です。

また、リレーショナル型データベースの問い合わせ言語であるSQLは、データベース管理システムが異なる場合でも変わらないはずなのですが、どのデータベース管理システムにも多少の方言が存在します。つまり、異なるデータベース管理システムの場合、まったく同じSQLでは動作しない場合があります。実際、データベース管理システムの違いによってSQLがどのように違うのか、これについても、複数のデータベース管理システムの使用経験がなければ体験することができません。

今後のキャリアパス

一般的にIT技術者の職種と言えば、まずはプログラマーとしての経験を学んだあとにシステムの仕様を考案するシステムエンジニア、システムごとに見積もりや工数計算も行う上級システムエンジニアと、順番に経験を踏み、最後にプロジェクト全体を統括するプロジェクトマネージャーを目指します。

■より上級職を目指す

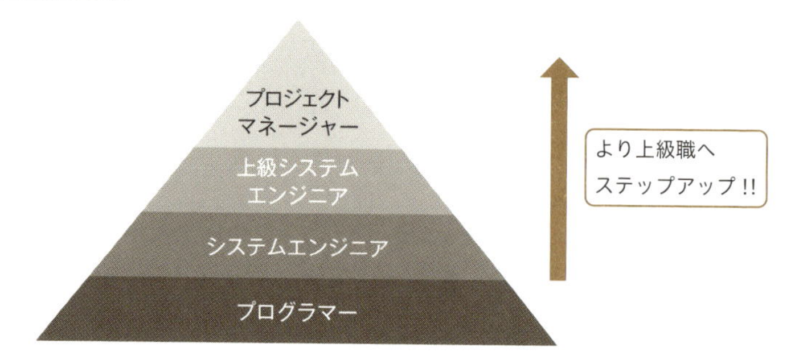

データベース技術者も同様に、データベースに関する知識を専門に、より広い分野へと知識の裾野を広げていかなければなりません。そして、最終的にはITスキル標準にあるように、ITアーキテクト、コンサルタントといったITを極めしスペシャリストを目指します。

まとめ

- ITスキル標準によって自分自身のITスキルを明確化・体系化できる
- データベース技術者にとって複数のデータベースシステムを学ぶことは重要
- 情報処理技術者としての今後のキャリアパスも考える

Section

03 本を読んで知識を付ける

IT業界は技術の進化が著しく、データベース技術者は常に最新の情報処理技術を学び続けなければなりません。そのためには、インターネットから入手できる情報だけでなく、本を読んで知識を身に付けることも大切です。

本を読むことの大切さ

さまざまな情報をインターネットで収集できるようになった現代社会において、本を読むという行為は少なくなっているのかもしれません。しかし、とくにIT業界に携わる者にとっては、ネット収集だけの知識に頼ってはいけません。確かに、インターネットでも最新の技術や知識を得ることができますが、理路整然とまとめられた情報ではないものが多く、散在している情報のなかから真偽を個人で判断し、誤った情報を収集しないように取捨選択する必要があります。書籍から得られる情報であれば、選別された真なる情報のみが収集できます。

また、書籍でしか得られない情報もあります。後述するお勧め書籍の中では、プログラマーとして必要な考え方や心構えを教えてくれる書籍を紹介しています。こういった情報は、ネット検索で偶然見つけたどこの誰だかわからないような人が書いた個人のブログに掲載されている記事よりも、明らかに信憑性が高く、さらに読みやすいのは言うまでもありません。

社内においても、本を読んで知識を得ることで他の誰よりも知識があることを証明できれば、今後のキャリアアップに優位になることでしょう。

定期刊行物の購読

IT業界に携わる者にとって重要なのは、最新の技術情報を常に入手し続けることです。手っ取り早いのは、定期刊行物を購読することです。コンピューター関連の定期刊行物としてはさまざまなジャンルのものがありますが、自分のキャリアに合ったものを購読するとよいでしょう。

また、学会に入会することで、最新技術の論文が掲載されている学会誌を定期的に入手することができる場合があります。

情報処理に関する学会には、「一般社団法人　情報処理学会」があります。また、経営学と情報学が融合した学問である経営情報学が専門の「一般社団法人　経営情報学会」があります。どちらも、正会員に入会することで、紙ベースの月刊誌が配布されます。

お勧めの書籍

データベースに関する知識については、本書で詳細までお伝えしましたが、IT技術者としてのセキュリティに関する知識と、今後のキャリアアップについての紹介があまりできていないので、以下に紹介する書籍も併せてお読みいただければ幸いです。

セキュリティに関する書籍

書籍名	徳丸浩のWebセキュリティ教室
著者	徳丸 浩
単行本	176ページ
出版社	日経BP社
発売日	2015年10月22日
ISBN	978-4-8222-7998-1
解説	日経BP社の「日経コンピュータ」に連載されていたセキュリティに関する記事をまとめたものです。著者の徳丸浩氏は、セキュリティ分野における第一人者で、本著にはさまざまなITのセキュリティに関する実例と解説がわかりやすく述べられています。本著を読むことで、IT分野に携わるもののセキュリティ意識をこれまで以上に向上させてくれることは間違いありません。 タイトルは「Webセキュリティ」となっていますが、Webアプリケーションの脆弱性をついてデータベースに対して攻撃することについても解説しています。

書籍名	サイバーセキュリティ入門—私たちを取り巻く光と闇—
著者	猪俣 敦夫
単行本	231ページ
出版社	共立出版
発売日	2016年2月10日
ISBN	978-4-3200-0906-6
解説	セキュリティについて、基礎から学びたい人向けの書籍です。実例のコードが記載されているタイプのものではなく、実践的というよりも知識を付けるために学習するための書籍です。資格試験のための参考書として利用してもよいでしょう。

開発者のための書籍

書籍名	新装版 達人プログラマー 職人から名匠への道
著者	Andrew Hunt, David Thomas
単行本	384ページ
出版社	オーム社
発売日	2016年10月20日
ISBN	978-4-2742-1933-7
解説	一般的に、プログラマーはシステム開発における下っ端のような印象を受けがちです。プログラマーにとって、プログラマーという職種はシステムエンジニア、プロジェクトマネージャーへと続くキャリアアップの入り口としか思っていないかもしれません。 しかし、一部のプログラマーは、生涯現役プログラマーであることを自負し、その道を極めようとする者もいます。ITスキル標準における「スペシャリスト」と言われる職種です。プログラマーとして他と一線を画したいのであれば、ぜひとも本著をお読みください。技術的な内容もありますが、達人プログラマーとしての心構えをわかりやすい例とともに紹介する序盤がとくにお勧めです。

書籍名	**人月の神話【新装版】**
著者	Jr FrederickP.Brooks
単行本	321ページ
出版社	丸善出版
発売日	2014年4月22日
ISBN	978-4-6210-6608-9

解説	原著が著されてから、すでに40年以上の歳月が経っています。しかし、現代社会においても適用される、システム開発における問題点を鋭い考察力によって指摘した名著です。「1人で開発すれば2か月かかるのなら、2人で開発すれば1か月で済むね」などという単純な工数計算がうまくいかないことの方が多いのは、実際に開発の現場に携わるものでなければわかりません。しかし、なぜうまくいかなかったのか、その問題点を洗い出して解決策を練ることによって、今後は単純な工数計算どおりにスケジュールを進めることができるようになるのでしょうか。 システムエンジニア、プロジェクトマネージャーの職種についている方には、ぜひとも読んでいただきたい書籍です。

キャリアアップに関する書籍

書籍名	**コンサルタントの秘密 ―技術アドバイスの人間学**
著者	G.M.ワインバーグ
単行本	254ページ
出版社	共立出版
発売日	1990年12月1日
ISBN	978-4-3200-2537-0

解説	コンサルタントを目指すなら、ぜひとも熟読すべき名著です。この書籍が発売されてから30年近い歳月が経過していますが、現代のコンサルタント業界でも問題なく通用する内容です。その歳月のなかで、確かに技術的な部分においては急伸したIT業界ですが、人と人とのコミュニケーションが主体となるコンサルタントの部分においては、今も昔も変わりません。 著書は、コンサルタントに必要な知識をいくつかの法則とともに説明しています。この法則というのがとても面白く、個人的には「ワインバーグのふたごの法則」が好きです。

書籍名	ライト、ついてますか —問題発見の人間学
著者	ドナルド・C・ゴース、G.M.ワインバーグ
単行本	176ページ
出版社	共立出版
発売日	1987年10月25日
ISBN	978-4-3200-2368-0
解説	前ページで紹介した「コンサルタントの秘密—技術アドバイスの人間学」と同じ著者であるG.M.ワインバーグと、ドナルド・C・ゴースの共著です。こちらも、コンサルタントには必読書です。こちらもの著書のサブタイトルにも「人間学」と書いてあるとおり、技術的な内容よりも社会学的な内容を取り扱った書籍です。有名な著書で、さまざまな書籍でも引用されているのをみかけます。これから行う解決策は、本当に妥当な費用対効果が得られるベストプラクティスなのか、本著を読むことで、凝り固まった思考から抜け出し、柔軟な思考を手に入れることができるようになるでしょう。

まとめ

- **本を読むことを習慣づけることで多くの知識が身に付く**
- **情報処理に関する最新技術を学ぶためには定期刊行物の購読もお勧め**
- **データベースだけでなくセキュリティや開発者向けの書籍もお勧め**

Section

04 ISMSを取得する

顧客情報などの情報資産に関するセキュリティ意識が高いことを社外にアピールするためにも、ぜひともISMSの取得をお勧めします。ISMSの取得が、システム開発を受注できるかどうかにも関わってくる場合があります。

情報セキュリティマネジメントシステム（ISMS）とは

ISMSとは、Information Security Management Systemの略で、日本語では「情報セキュリティマネジメントシステム」と言います。この日本語の読みよりも、「ISMS」という呼び名の方が一般的です。

ISMSは、顧客情報などの大切な情報資産に対するセキュリティ方針を社内で定め、それを遵守するためのしくみです。社内で定めたセキュリティ方針が第三者機関によって適切かどうかの監査を受け、またそれが遵守されているかどうかがISMSの取得に必要となります。

ISMSは、情報セキュリティの主な3要素について、次のように定義しています。

■情報セキュリティの主な3要素

機密性	認可されていない人やプロセスに対して、情報の開示や使用をできなくする
完全性	情報の正確さおよび完全さ
可用性	認可された人やプロセスが要求したときに、情報へのアクセスや使用をできるようにする

会社でのISMSへの取り組み

ISMSは、情報資産に携わる社員すべてが一丸となって取得を目指す必要があります。該当社員が、前述の「機密性」「完全性」「可用性」の3つの特性を維持するために、自分の業務における具体的な手法・対策を検討し、実施します。

実際にどのように3つの特性を業務に落とし込み、社内制度を作成して遵守するか、それは「ISO/IEC27001」や「JIS Q 27001」と呼ばれているISMSの要求事項に沿って行います。「ISO/IEC27001」は、国際標準化機構（ISO）と国際電気標準会議（IEC）が共同で作成した「国際規格」のことで、その規格を日本語に訳したものが「JIS Q 27001」です。

そして、その社内制度が「ISMS認証機関」によって妥当であると判断されれば、晴れてISMSの認証を取得することができます。

ISMSの利点

ISMSを取得するメリットとしては、社内でのセキュリティ意識を高め、セキュリティリスクを低減するメリットがあります。また、社外においては、自社がセキュリティに対する意識が高いことをアピールすることができます。そのため、ISMSを取得しているかどうかによって、システム開発案件を受注できるかどうかにも関わってくる場合が大いにあります。

■ISMS取得のメリット

社内におけるメリット	・社員のセキュリティ意識を向上できる ・セキュリティリスクを減少できる
社外におけるメリット	・会社全体でセキュリティ意識が高いことをアピールできる ・システム開発案件の受注が増加する可能性がある

デメリットとしては、社内のISMS推進担当者にてISMSに携わる時間が発生すること、また毎年の審査費用がかかることが挙げられます。それでも、企業にとってはISMSの取得によって得られるメリットのほうが大きいでしょう。

まとめ

- **ISMSは情報資産に対するセキュリティ方針を社内で定め遵守する仕組み**
- **ISMS取得により社内のセキュリティ意識を高めセキュリティリスクを軽減**
- **ISMS取得により会社全体でセキュリティ意識が高いことをアピール可能**

付　録

便利なSQLスクリプト

Section

01 便利なSQLスクリプト

SQL Server限定ですが、筆者がデータベースの調査のために作成した便利なSQLスクリプトを3種類紹介します。業務にお役立ていただければ幸いです。また、拡張SQLのサンプルとしてもご利用できるかなと思います。

①時刻要素を取り除いた日付型を取得

SQL Serverは、SQL Server 2008以降から時刻要素を含まない日付型である「DATE」型が追加されました。それより前のバージョンであるSQL Server 2005以前では、時刻要素を含む日付型である「DATETIME」型しかありませんでした。

このDATETIME型しかない仕様は案外不便で、たとえば本日が「2017年6月9日」であったとして、次のようなSQLを実行します。

```
DECLARE @日付 DATETIME;
SET @日付 = '2017-06-09';

IF (@日付 = GETDATE())
BEGIN
    PRINT 'この条件文は真です';
END
ELSE
BEGIN
    PRINT 'この条件文は偽です';
END
```

実行結果は、次のように真にはなりません。

```
この条件文は偽です
```

これは、GETDATE()関数がDATETIME型のため、時刻要素を含めた結果が返されるからです。つまり、次のように解釈されます。

```
IF ('2017-06-09 00:00:00' = '2017-06-09 18:13:53.513')
```

これでは、等号が成り立たないのは明白です。これを解決するには、DATETIME型に格納されている値から時刻要素を取り除いた結果でお互いを比較します。DATETIME型に格納されている値から時刻要素を取り除くには、いったん日付を文字列型に変換し、その際にDATETIME型の値から日付要素のみを取得します。そして再度日付型に戻すことにより、時刻要素を削除することができます。

しかし、いちいち日付の比較のたびにこのデータ型変換を行うのは面倒です。そこで、このデータ型変換を行うストアドファンクションを作成しました。以下は、そのストアドファンクションのソースコードです。

■データ型変換を行うストアドファンクション

```
--概要        ：引数に指定された日付型から時刻要素を取り除いて返します。
--引数        ：[@date]…日付型
--戻り値      ：時刻要素を取り除いた日付型
IF (EXISTS(SELECT * FROM sysobjects WHERE (type = 'FN') AND (name =
'fn_getdate_excepttime')))
BEGIN
  DROP FUNCTION fn_getdate_excepttime;
END
GO

CREATE FUNCTION fn_getdate_excepttime
(
  @date DATETIME
)
RETURNS DATETIME
AS
BEGIN
  RETURN CONVERT(DATETIME, CONVERT(nvarchar, @date, 111), 120);
END
```

さて、このストアドファンクションを用いて先ほどの日付の比較をしてみましょう。P.275のCREATE FUNCTION命令をデータベースに実行します。ストアドファンクションがデータベースに作成されたら、下記のSQLを実行してください。

```
DECLARE @日付 DATETIME;
SET @日付 = '2017-06-09';

IF (@日付 = dbo.fn_getdate_excepttime(GETDATE()))
BEGIN
    PRINT 'この条件文は真です';
END
ELSE
BEGIN
    PRINT 'この条件文は偽です';
END
```

実行結果は次のようになります。

```
この条件文は真です
```

先ほどの結果と違い、条件分岐が真を返すのを確認することができます。

このストアドファンクションでは、パラメータに指定されたDATETIME型の値から時刻要素を取り除き、ふたたびDATETIME型で返します。次のようなSQLを実行してみましょう。

```
SELECT dbo.fn_getdate_excepttime(GETDATE());
```

時刻要素が取り除かれた値が結果として返ることがわかります。

```
2017-06-09 00:00:00.000
```

②指定したデータベースオブジェクト名を参照するデータベースオブジェクトを取得

「このビューはもう使っていないと思うけど、削除してもいいのだろうか？」「テーブルの定義を変更したいけど、このテーブルを参照しているストアドプロシージャやストアドファンクションなどに影響はないだろうか？」といった心配は、データベースオブジェクトを更新しようとするたびに発生します。

SQL Serverの場合、データベースオブジェクトの従属関係は、sysdependsというシステムテーブルに格納されます。sysdependsを参照することで、たとえばあるテーブルを参照しているデータベースオブジェクト名を取得したり、ストアドプロシージャの従属関係を階層化したりするといったことが可能となります。

さて、このsysdependsを利用して、指定したデータベースオブジェクト名を参照するデータベースオブジェクトを返すストアドプロシージャを作成しました。

使い方は、ストアドプロシージャのパラメータとしてデータベースオブジェクト名を指定して実行すると、そのデータベースオブジェクトを参照するデータベースオブジェクトの一覧を結果として出力します。

■sp参照オブジェクトを取得するストアドプロシージャ

```
--概要      ：引数に指定されたデータベースオブジェクトを参照するデータベー
スオブジェクトをすべて返します。
--引数      ：[@object_name]…データベースオブジェクト名
--戻り値    ：引数に指定されたデータベースオブジェクトを参照するデータベー
スオブジェクト
CREATE PROCEDURE sp参照オブジェクト取得
    @object_name VARCHAR(100)
AS
BEGIN
    SET NOCOUNT ON;

    DECLARE @object_id INT;
    SET @object_id = -1;

    SELECT @object_id = object_id FROM sys.objects
```

```
    WHERE name = @object_name;

    --該当オブジェクトを参照しているデータベースオブジェクトをすべて取得
    SELECT name, type_desc, create_date, modify_date
    FROM sys.objects
    WHERE object_id IN (
        SELECT id
        FROM sysdepends
        WHERE depid = @object_id
    )
    ORDER BY type, name
END
```

たとえば、「社員」という名前のテーブルを参照するデータベースオブジェクトの一覧を取得したいと思った場合、上記ストアドプロシージャをデータベースに作成した後、次のようなSQLを実行します。

```
EXEC sp参照オブジェクト取得 '社員'
```

実行結果は次のようになります。

name	type_desc	create_date	modify_date
社員テーブル抽出	SQL_STORED_PROCEDURE	2017/5/7 20:48	2017/5/7 20:48
v社員	VIEW	2017/5/7 20:51	2017/5/7 20:51

このsp参照オブジェクトを取得するストアドプロシージャの結果のフィールドの意味は、次のとおりです。

name	データベースオブジェクト名
type_desc	データベースオブジェクトの種類
create_date	データベースオブジェクトを作成した日付
modify_date	データベースオブジェクトを最後に変更した日付

これらの結果より、「社員」テーブルを参照しているのは、「社員テーブル抽出」というデータベースオブジェクト名のストアドプロシージャと、「v社員」というデータベースオブジェクト名のビューの2つだということがわかります。

③データベース接続プロセスIDを取得・切断

データベースを使用しているユーザーを確認するには、sysprocessesというシステムテーブルを参照します。このシステムテーブルを参照すると、データベースを使用しているユーザーの端末名や接続開始時間、現在の状態などを取得することができます。

このシステムテーブルを利用して、指定した端末名が生成したSQL ServerのプロセスIDを返すストアドプロシージャと、指定したSQL ServerのプロセスIDをデータベースから切断するストアドプロシージャを作成しました。

まずは、指定した端末名が生成したSQL ServerのプロセスIDを返すストアドプロシージャです。

■プロセスIDを返すストアドプロシージャ

```
--概要        :指定したホスト名が生成したSQL Serverのプロセスを取得し、spidを返します。
--引数        :[@hostname]...ホスト名
--戻り値      :正常終了なら0、そうでなければ-1
--結果セット  :正常終了した場合、指定したホストのspid結果リスト
--             例外が発生した場合、エラー情報
CREATE PROCEDURE [sp_get_process]
  @hostname VARCHAR(100)
AS
BEGIN
  SET NOCOUNT ON;

  --spidを取得します。
  BEGIN TRY
    SELECT [spid]
    FROM [sys].[sysprocesses] WITH (nolock)
    WHERE [hostname] = @hostname
    AND [spid] <> @@spid
    ORDER BY [spid];
```

```
  END TRY
  BEGIN CATCH
    RETURN (-1);
  END CATCH

  --正常終了を返します。
  RETURN (0);
END
```

上記ストアドプロシージャをデータベースに作成したら、次のSQLを実行することでその端末が生成したプロセスIDの一覧を取得することができます。

```
EXEC sp_get_process 'PC-IKARASHI'
```

実行結果は以下のとおりです。

```
spid
----------
54
56
57
```

次に、指定したSQL ServerのプロセスIDをデータベースから切断するストアドプロシージャです。

■プロセスIDをデータベースから切断するストアドプロシージャ

```
--概要        :指定したspidのプロセスを削除します。
--引数        :[@target_spid]...プロセスを削除するspid
--戻り値      :正常終了なら0、そうでなければ-1
--結果セット:例外が発生した場合、エラー情報
CREATE PROCEDURE [sp_kill_process]
  @target_spid SMALLINT
AS
BEGIN
  SET NOCOUNT ON;
```

```
  --KILLコマンドを実行する動的SQLを作成します。
  --※「KILL @spid;」はエラーとなるため、動的SQLで対応
  DECLARE @sql VARCHAR(MAX);
  SET @sql = 'KILL ' + CONVERT(VARCHAR, @target_spid);

  --spidを削除します。
  BEGIN TRY
    EXECUTE (@sql);
  END TRY
  BEGIN CATCH
    RETURN (-1);
  END CATCH

  --正常終了を返します。
  RETURN (0);
END
```

このストアドプロシージャを実行すると、そのプロセスはデータベースから切断・解放されます。

前述のプロセスIDを取得するストアドプロシージャと併せて、指定した端末名をデータベースから切断するといったことも可能です。

使い方としては、データベースを以前の状態に復元したいのに、データベースを使用中のため復元できない旨のエラーメッセージが表示されたときなどの場合に接続中のユーザーを強制的に切断することができます。

INDEX

索引

記号・数字

A～D

E～N

O～Z

ア行

カ行

サ行

タ行

参考文献

本著を著すにあたり、参考にさせていただいた書籍です。また、Wikipediaをはじめとして、多くのインターネットの多くの記事を参考にさせていただきました。

- 『いちばんやさしいデータベースの本』(五十嵐貴之著、技術評論社、2010年)
- 『これならわかるSQL入門の入門』(五十嵐貴之著、翔泳社、2007年)
- 『最新　図解でわかるデータベースのすべて　ファイル編成からWebDB環境まで』(小泉修著、日本実業出版社、2007年)
- 『改訂新版 SQLポケットリファレンス』(朝井淳著、技術評論社、2003年)
- 『データベースエンジニア養成読本』(データベースエンジニア養成読本編集部、技術評論社、2013年)
- 『UMLワークブック』(山田健志著、翔泳社、2003年)
- 『BIシステム構築実践入門　DBデータ活用/分析の基礎とビジネスへの応用』(平井昭夫著、翔泳社、2005年)
- 『クラウドの衝撃—IT史上最大の創造的破壊が始まった』(城田真琴著、東洋経済新聞社、2009年)
- 『ビッグデータの衝撃—巨大なデータが戦略を決める』(城田真琴著、東洋経済新聞社、2012年)
- 『サイバーセキュリティ入門　私たちを取り巻く光と闇』(猪俣敦夫著、共立出版、2016年)
- 『徳丸浩のWebセキュリティ教室』(徳丸浩著、日経BP社、2015年)
- 『新人IT担当者のための　ネットワーク管理＆運用がわかる本』(程田和義著、技術評論社、2016年)

著者略歴

五十嵐 貴之（いからし たかゆき）

1975年2月生まれ。新潟県長岡市（旧越路町）出身。東京情報大学経営情報学部情報学科卒業。ソフトウェア開発技術者。本業の傍ら、コンピューター関連書籍を執筆したり、フリーソフトの開発にも積極的に携わっている。

DTP ●マップス
カバーデザイン●菊池 祐（ライラック）
本文デザイン●トップスタジオ デザイン室（轟木 亜紀子）
担当●田中 秀春（技術評論社）

お問い合わせについて

本書の内容に関するご質問は、下記の宛先までFAXまたは書面にてお送りいただくか、弊社Webサイトの質問フォームよりお送りください。お電話によるご質問、および本書に記載されている内容以外のご質問には、一切お答えできません。あらかじめご了承ください。

〒162-0846　東京都新宿区市谷左内町21-13
株式会社技術評論社　書籍編集部
「新人エンジニアのための　データベースのしくみと運用がわかる本」質問係
FAX：03-3513-6167
技術評論社 Web サイト：http://book.gihyo.jp/

なお、ご質問の際に記載いただいた個人情報は質問の返答以外の目的には使用いたしません。また、質問の返答後は速やかに破棄させていただきます。

新人（しんじん）エンジニアのための データベースのしくみと運用（うんよう）がわかる本（ほん）

2018年3月1日　初版　第1刷　発行

著　者　五十嵐（いからし）　貴之（たかゆき）
発行者　片岡　巌
発行所　株式会社技術評論社
東京都新宿区市谷左内町21-13
電話　03-3513-6150　販売促進部
03-3513-6160　書籍編集部
印刷/製本　昭和情報プロセス株式会社

定価はカバーに表示してあります。

造本には細心の注意を払っておりますが、万一、落丁（ページの抜け）や乱丁（ページの乱れ）がございましたら、弊社販売促進部へお送りください。送料弊社負担でお取り替えいたします。

ISBN978-4-7741-9571-1 C3055
Printed in Japan